北京乡镇地区责任规划师
工作方法体系研究

袁　方　著

学苑出版社

图书在版编目（CIP）数据

北京乡镇地区责任规划师工作方法体系研究 / 袁方
著 . -- 北京：学苑出版社，2024. 7. -- ISBN 978-7
-5077-7010-0

Ⅰ. TU982.291

中国国家版本馆 CIP 数据核字第 2024GG4110 号

出 版 人：洪文雄
责任编辑：周　鼎
出版发行：学苑出版社
社　　　址：北京市丰台区南方庄 2 号院 1 号楼
邮政编码：100079
网　　　址：www.book001.com
电子信箱：xueyuanpress@163.com
联系电话：010-67601101（营销部）、010-67603091（总编室）
印 刷 厂：廊坊市印艺阁数字科技有限公司
开本尺寸：787 mm×1092 mm　1/16
印　　张：12.75
字　　数：160 千字
版　　次：2024 年 7 月第 1 版
印　　次：2024 年 7 月第 1 次印刷
定　　价：98.00 元

前　言

　　北京责任规划师制度起源于老城内的社区培育。2004版北京城市总体规划提出推进公众参与的法制化。2008年，以中心城控规公示为契机，原北京市规划委员会组织规划师以全过程参与的方式推进控规落实，完成了菊儿社区活动用房改造提升，正式开启规划师深度参与基层规划实施的实践。此后，"规划进社区""胡同规划建筑师""东四南历史街区保护更新公众参与"等实践探索，为责任规划师制度建立与推广提供了生动范本。在深入基层推动规划实施、参与社会治理过程中，责任规划师得到了广泛认同，责任规划师制度成为总规实施体系的坚实支撑。

　　2019年，北京市正式设立了责任规划师制度。

五年来，通过广泛探索实践，不断创新完善制度，责任规划师工作取得积极成效，成为落实城市总体规划、实现城市高质量发展、提升社会治理效能的重要抓手。在北京市规划和自然资源委员会组织下，市级责任规划师工作专班领导的各区、镇街责任规划师工作呈现百花齐放的发展态势。

当前，随着城市由高速到高质量发展转换，"蓝图式"规划向更加强调价值导向和过程性规划转段，社会由政府单向管理向政府主导、多元治理转型，责任规划师制度也应不断适应社会发展变化，积极改革创新。未来的责任规划师工作要坚守好落实总规的大原则，坚持好服务基层与人民的使命担当，向更加精细化、落地性、多元化深刻转变。尤其是要聚焦制度优化提升的顶层谋划，聚焦多师协同的组织优化，聚焦圈层差异的工作引导，聚焦保障机制的多元探索。这不仅仅是应对规划行业转型的需要，也是规划师在回归本源——以人为本、关注人对美好生活的本质需求。

北京是一座千年古都，幅员辽阔，历史上逐渐演化出"都与城"的功能关系，形成了"大城市大京郊"的格局特征，地域差异较大。北京乡镇地区的发展有其特殊性，发展阶段相比核心区、中心城区较为滞后，随着国家对"三农"工作不断重视，乡镇地区规划发展诉求越来越强烈，如何以乡镇责任规划师工作为抓手，具体落实乡镇规划，在乡镇地区保障居民与农民的利益共享，兼顾高质量发展和全面乡村振兴，需要深入思考和研究。

　　本研究分为研究综述篇、实践研究篇、理论研究篇、体系研究篇、运行研究篇五部分。研究综述篇涵盖第一、二章节，阐述新时期责任规划师面临的新挑战和新要求，提出研究必要性、意义、目的、技术路线和主要内容；实践研究篇涵盖第三、四、五章节，是对现阶段北京乡镇地区责任规划师工作进行系统梳理和总结，结合北京乡镇发展特点判断乡镇责任规划师的工作重点和难点；理论研究篇涵盖第六、七、八章节，是将责任规划师工作回归社会属性，从社会学角度构建乡镇责任规划师工作网络，以期评估和发现乡镇责任规划师的工作困境、追溯原因、寻找发力点，判断乡镇责任规划师的工作价值和定位；体系研究篇涵盖第九、十、十一章节，提出乡镇责任规划师工作体系框架，重点从组织框架、工作内容、机制保障等方面阐述；运行研究篇涵盖第十二、十三、十四、十五、十六章节，在充分研究现行制度及其适配性的基础上，建立了乡镇责任规划师工作运行系统，开展分异化研究，研发实用工具包，并以昌平区北七家镇责任规划师工作为例进行综合应用实践。

　　本研究历时两年，过程中研究组足迹遍布重点乡镇，通过一对一访谈、问卷调查、专题研讨等方式，深度调研百名一线责任规划师，以期尽可能完整呈现一线乡镇责任规划师的工作状态，反映真实诉求，提出针对性的建议，为构建北京乡镇责任规划师工作方法体系提供有力支撑，助力推进北京责任规划师制度的不断完善。

本研究得到了多位专家的指导，也得到了北京市责任规划师工作专班、各区规自分局和责任规划师团队的大力支持，研究的结论是群策群力的结果。希望研究成果能够在行业内树立起"乡镇责任规划师"品牌，提高对乡镇责任规划师工作重要性的认知，更希望能够凝聚乡镇责任规划师这一友爱、智慧、团结的群体，这也正是本研究的初心所在。

袁 方

2024 年 4 月 28 日

目　录

第一章
研究综述篇

一、新时代责任规划师面临的挑战

（一）政策要求

党的十八大以来，习近平总书记心系首都建设和发展，多次考察北京，以全新的战略定位为首都发展谋篇布局。"建设一个什么样的首都，怎样建设首都"成为首都建设需要深入思考的问题。在习近平总书记指引下，北京城市发展深刻转型，各方面发展成效显著，正奋力谱写中国式现代化的北京篇章。

"建设和管理好首都，是国家治理体系和治理能力现代化的重要内容。"习近平总书记特别重视首都的治理体系建设，明确指出规划实施"最后一公里"的重要性："城市建设和管理相辅相成，建设提供硬环境，管理增强软实力，共同指向完善城市功能。"（习近平总书记在北京市考察工作结束时的讲话，2014 年）同时，对于城市规划建设的成效需要深入群众："城市规划建设做得好不好，最终要用人民群众满意度来衡量。要坚持人民城市为人民，以北京市民最关心的问题为导向。"（习近平总书记在北京考察时的讲话，2017 年）

随着北京进入追求高质量发展的存量更新阶段，将规划技术和人才融入城市治理，并使其通过专业力量系统引导各级城市规划实施落地，已成为当前城市规划建设领域实现治理体系和治理能力现代化的关键要点之一。习近平总书记要求"把全生命周期管理理念贯穿城市规划、建设、管理全过程各环节""规划编制要接地气""通过绣花般的细心、耐心、巧心提高精细化水平"。总书记有关规划改革的一系列重要指示，是各地探索建立责任规划师制度的基本遵循。

（二）北京责任规划师的制度实践

早在 2004 年的《胡同保护规划研究》中就曾提出过"责任规划师制度"，2008 年菊儿胡同社区活动用房提升改造项目成为规划师深度参与实践的典范，在史家胡同风貌保护工作中，规划师们开始探索"胡同规划建筑师"的积极作用，培育社区自治力量，之后责任规划师的身影活跃在核心区和中心城区的规划实施中。2017 年，《北京城市总体规划（2016 年—2035 年）》（简称"北京总规"）中提出应"完善建筑设计管理机制，建立责任规划师和责任建筑师制度"，在明确了责任规划师制度的建设方向之后，2019 年施行的《北京市城乡规划条例》第十四条提出"本市推行责任规划师制度，指导规划实施，推进公众参与"。同年 5 月 14 日，北京市规划和自然资源委员会发布了《北京市责任规划师制度实施办法（试行）》（简称《实施办法》）规定，北京市责任规划师旨在对责任范围内（街道、乡镇等）的规划、建设、管理提供专业指导和技术服务，指导规划实施和推进公众参与。北京成为全国首个在全市范围内推行责任规划师制度的城市。

基于良好的制度基础，北京市各区政府做出积极响应，结合自身特征与实际诉求，陆续制定了各区的制度实施工作方案，形成了各具特色的责任规划师工作模式。截止到 2023 年，北京全市 16 个城区及北京经济技术开发区已全部完成责任规划师聘任，64 家单位、近 300 个团队、数千从业人员和大量行业知名专家参与其中，展现出全社会积极参与落实总体规划、推动街区更新和治理创新的高涨热情。

五年间，北京市责任规划师工作多以公众参与为主要方法推进空间更新，以空间更新带动社会治理，工作范围集中在核心区和中心城区。各镇街责任规划师充分发挥专业优势，围绕小微公共空间改造、老旧小区综合整治、背街小巷治理等任务，以及群众关心的配套设施不足、停车难、活动空间少、文化特色不突出等民生痛点问题，深入开展调研，系统诊断把脉，积极出谋划策，并进行陪伴式的规划设计咨询服务，做好规划宣传引导和专业技术把关，推动居民协商共治。同时，搭建工作平台，链接各方资源，持续助力基层和各相关部门推动城市更新和基层治理。

北京市责任规划师制度和各区实践已开展了五年时间，成效显著，但责任规划师制度在运行过程中也表现出一些问题，如：机制不完善，在支撑体系和人才培养体系方面还有优化和探索的空间；资金不充足，尤其是乡镇地区的责任规划师的收入无法保障，空间治理和社会治理资金投入不可持续；认知有缺陷，在规划转型背景下对责任规划师在城市规划中的治理属性、效能的认知不足；作用不均衡，尤其是"多点一区"地区责任规划师工作特色不突出、效果不明显。

以上问题将是未来北京市责任规划师工作努力的方向。北京市责任规划师工作在史家胡同里"播种培育"，在老城社区中"生根发芽"，在中心城区空间更新中"枝繁叶茂"，正在向更广阔的乡镇地区和探索基层治理的纵深不断发展，正在为实现北京国土空间规划的"一张蓝图"不断"深耕细作"。

（三）新时代对责任规划师的新要求

当前，我国大部分城市正处于由增量建设向存量优化提升的转型阶段，各种利益诉求不断涌现，这些都使得城乡基层治理面临的形势更加严峻复杂。2022 年 5 月 21 日，北京市委市政府发布《关于加强基层治理体系和治理能力现代化建设的实施意见》，提出一系列具体措施，按照"基层治理社会化、法治化、智能化、专业化"的指导思想，探索具有首都特色的超大城市基层治理之路，力争率先实现基层治理体系和治理能力现代化。文件中明确了责任规划师在基层治理中应发挥重要作用，并提出具体要求："充分发挥首都高端智库优势，建立基层治理研究基地，以区为单位开展基层治理示范工作，实施基层治理'领航计划'，探索建立社区治理责任规划师制度。"责任规划师应关注首都作为超大城市，人口众多、基层面广的特征，关注基层治理的碎片化、行政化、低效能、动员能力弱、韧性不足等弱点，以空间治理撬动社会治理，通过实现规划"最后一公里"助力实现社会治理"最后一公里"，致力于为开创首都基层治理新局面贡献力量。

农村基层治理是首都社会治理的重要组成部分，相对于城市社区治理，提升农村基层治理水平更为困难与紧迫。要充分尊重农村特点，遵循农村发展规律，坚持党建引领、多元创新。党的十九大提出了"乡村振兴战略"，加强农村基层治理是实施乡村振兴战略的关键。全面建成小康社会后，近三年中央一号文件中可见"三农"工作重心的历史性转移，全面推进乡村振兴是当今的重要方向。2023 年中央一号文件中明确指出，要"加强乡村人才队伍建设……完善城市专业技术人才定期服务乡村激励机制"。从基层治理角度来看，责任规划师的历史使命和工作重心也发生变化，北京乡镇地区责任规划师已成为一支重要力量勇担新时代使命，对提升乡村治理效能、增强乡村人才队伍建设、全面推进乡村振兴，具有重要的历史意义。

当前北京已经进入总规实施第二阶段，规划实施转向存量利用与社会治理的纵深发展，乡村治理是基层社会治理的重要组成部分，落实"村地区管"是总规实施"最后一公里"的关键。从规自改革角度来看，北京乡镇地区责任规划师工作是规划师对自身历史使命的新认识、新行动，是在优化国土空间开发保护格局与实现人民群众高品质生活、乡村振兴之间搭建了"桥梁"。

截至 2023 年上半年，全市 120 个乡镇国土空间规划已基本编制完成，全面进入审查阶段，乡镇责任规划师应深度配合法定规划审查，在实施前端重点发力；美丽乡村三年行动计划已完成，村庄地区已全面进入整治维护阶段，乡村地区应积极探索培育乡村自治。从实际工作需求角度，北京乡镇地区责任规划师工作应在国土空间规划体系的编制、实施、保障和监督全链条中发挥关键作用。

综上所述，新时代对乡镇责任规划师工作提出了更高的要求。但是，由于责任规划师制度设计与乡镇地区实践条件的适配性不足，且缺乏明确的实践方法指导，乡镇责任规划师在实践中常常遭遇一些困境，多反映在工作范围不清晰、工作内容不明确、工作来源不统一等实操层面。对乡镇责任规划师工作方法体系构建及开展具体内容研究，有助于具体落实乡镇规划，在乡镇地区保障居民与农民的利益共享，兼顾高质量发展和全面推进乡村振兴。

二、研究目的、范围与技术路线

（一）研究目的

近年自责任规划师制度推行以来，北京市核心区和中心城区的责任规划师工作正如火如荼地开展，制度日趋成熟，取得了较好的工作成效，而因发展阶段不同，乡镇责任规划师工作相对薄弱。随着国家对"三农"工作不断重视，乡镇地区规划发展诉求越来越强烈，如何以乡镇责任规划师工作为抓手，具体落实乡镇规划，在乡镇地区保障居民与农民的利益共享，兼顾高质量发展和全面乡村振兴，是需要深入思考和研究的。在推动高质量发展、促进共同富裕、全面推进乡村振兴的背景下，本研究将构建北京乡镇地区责任规划师工作方法体系，探索从乡镇规划的"一张蓝图"到乡镇责任规划师的"深耕细作"的具体实施路径。

本研究结合实际工作中反映的问题，协助市级责任规划师专班统筹协调资源，推进现行责任规划师制度的完善。

（二）研究范围

乡镇责任规划师的工作范围应覆盖北京市乡镇建制地区。

本次研究范围涉及 219 个街乡镇，占全市街乡镇总量的 70%，用地面积 15731 平方千米。其中建制镇地区主要位于"中心城区""副中心"和"多点一区"地区内，共计 182 个乡镇；街道地区指"多点一区"的新城地区，共计 37 个街道。

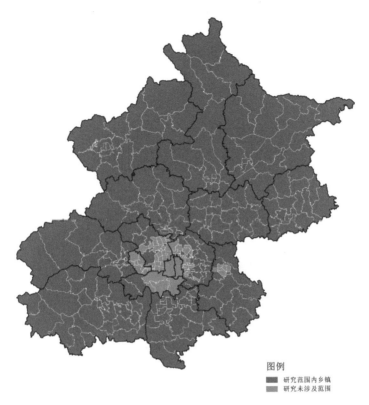

图例
■ 研究范围内乡镇
■ 研究未涉及范围

图 1-1　研究范围示意图

（三）技术路线与研究内容

1. 技术路线

首先阐述了本次研究的背景和意义，综述北京责任规划师制度运行与工作实践的基本情况和存在问题，指出新时代对责任规划师的新要求、新使命，指出构建乡镇地区责任规划师工作方法体系的必要性；其次，梳理总结自身实践，结合外省市经验，剖析北京乡镇规划工作特点，聚焦乡镇责任规划师的工作重点与难点；再次，在此基础上提出乡镇责任规划师工作定位、组织框架、工作内容、保障机制、运行实施等内容，构建乡镇责任规划师工作方法体系；最后，提出本次研究的结论与展望。

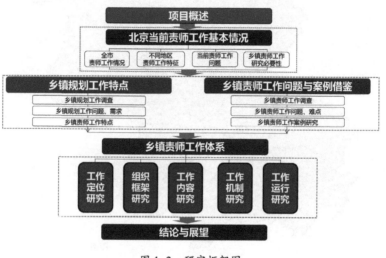

图1-2　研究框架图

2.研究内容

本研究分为实践研究、理论研究、体系研究、运行研究四大板块。

实践研究板块，基于笔者十年多的工作经验，梳理北京乡镇责任规划师工作发展阶段、基本情况和特色工作，结合对北京乡镇地区规划特点与需求的分析，总结北京乡镇责任规划师的工作重点与难点。

理论研究板块，开展全类型、多视角的文献研究和外省市责任规划师制度分析，解析责任规划师属性。借鉴社会学研究方法，构建北京乡镇责任规划师社会网络，设计调查问卷，对部分乡镇管理者和责任规划师分别开展深访，形成对乡镇责任规划师的价值判断，进一步明确其在乡镇国土空间规划体系中发挥的关键作用。

体系研究板块，构建乡镇责任规划师工作方法体系，包括职责定位、组织架构、工作内容、机制保障、运行实施等五方面。组织框架上，从党建引领、组织架构、专业选择、团队选配、多师联动等方面开展；工作内容上，聚焦技术咨询、民生痛点、重点塑造、创新治理、长效引导等方面；机制保障上，创新工作运行机制、平台支撑机制、人才保障机制等方面。（对职责定位的研究并入理论研究板块，对运行实施研究并入运行研究板块）

运行研究板块，建构一套乡镇责任规划师运行系统，并根据乡镇的不同类型进行分异研究。研发实用工具包，辅助乡镇责任规划师开展实际工作。本研究最后，通过昌平区北七家镇责任规划师工作实践为例，分析了运行系统的操作方法和使用效果。

研究团队在近两年的时间里通过发放问卷、专家研讨、调研座谈的方式开展调查研究。研究团队前往密云区、怀柔区、平谷区、昌平区、门头沟区、海淀区等十余个乡镇，跟踪和深入观察部分乡镇责任规划师的工作状态，并在3月10日、7月4日、7月8日举办了三场"乡镇责任规划师"主题系列论坛和学术沙龙活动，邀请了近百位责任规划师及市区、乡镇主管领导进行访谈，分别对乡镇责任规划师和乡镇政府发放调查问卷，收获了大量资料。

第二章

实践研究篇

一、北京乡镇责任规划师工作基本情况

北京的责任规划师制度始于社区。2008年北京市规划委推动"规划进社区、进工厂、进乡村"的活动，众多规划业务骨干到乡镇地区开展了广泛的公众参与实践，虽然工作聚焦于传统村落的保护与发展，但是开启了规划下乡和规划师深度参与农村基层治理的序幕。

（一）发展阶段划分

北京市乡镇地区责任规划师的发展可划分为孕育、探索和全面发展三个阶段。

孕育阶段是以推进美丽乡村规划为主的乡村责任规划师阶段。2018年市规自委出台了《关于征集规划师、建筑师、设计师下乡参与美丽乡村建设的倡议书》，向社会广泛征集有志做乡村规划建设工作的团队和个人，之后发布了《关于推进北京市乡村责任规划师工作的指导意见（试行）》，侧重推进美丽乡村规划，要求乡村责任规划师与村委会对接，旨在进一步提高乡村规划质量和建设管理水平。这是北京首次自上而下推动乡村责任规划师工作。

探索阶段是为落实北京总规要求的责任规划师制度建设阶段。2019年5月《实施办法》发布，但其中并未包含关于地区差异性的要求。2020年，作为配套文件的《北京市责任规划师工作指南（试行）》（简称《指南》）发布，提出了核心区、中心城区、乡镇地区责任规划师不同的工作重点，要求乡镇地区责任规划师应聚焦人居环境改善，助力地区城镇化发展，但没有对工作对象、内容、方法、成效、评价等方面提出具体指导。除此之外，在全市层面尚无针对乡镇地区责任规划师制度建设的指导文件。

《指南》中乡镇地区责任规划师的工作重点内容为：聚焦人居环境改善，助力地区城镇化发展。落实镇域国土空间规划要求，提升底线管控思维、增强生态环境保护意识，在居住条件改善、公共服务和基础设施提升、特色产业培育、项目规划建设等方面出谋划策，规范引导乡镇土地合理利用，保障规划建设有序实施；结合美丽乡村规划开展村庄环境整治与配套设施改善工作，有效推动乡村振兴。

全面发展阶段是指各区结合实际自下而上的多样化尝试阶段。从2020年至今，"多点一区"众多乡镇除了完成《指南》要求的调研摸底、上传下达、技术咨询、规划评估和总结宣传五项基础性工作，少量乡镇开展了全市统一组织的规定性工作，如老旧小区改造、宅基地确权等，另有约三分之一的乡镇探索出适应本地需求的特色化工作，如资源整合导向的镇级责任规划师实践、双师联动导向的乡村责任规划师实践、生态文明导向的生态责任规划师实践、两山理论导向的农业责任规划师实践、社会资本参与的企业责任规划师实践，等等。这些创新实践反映了乡镇地区不同于核心区和中心城区的工作诉求，也反映出超越《指南》要求，在工作定位、组织架构、工作内容、机制保障、运行实施等方面的诸多问题，常常有乡镇领导和村民，包括乡镇责任规划师都会问：乡镇责任规划师没有机会参与城市更新项目，是不是就可以不用聘任？乡镇责任规划师几乎不"驻场"，是不是就不合格？乡镇责任规划师与乡村责任规划师在工作内容上是否有区别？乡镇责任规划师与

"百师""园师"是什么关系,同时开展工作时村里听谁的?诸如此类。因此,在全市层面应尽快构建出针对乡镇地区的责任规划师工作体系,有效指导实际工作。

(二)工作基本情况

为了推进责任规划师在乡镇地区的适应性发展,在市级层面的统一制度安排下,北京市多点地区和生态涵养区结合自身情况,对乡镇责任规划师的工作制度展开了有益探索。例如,密云区结合本地资源特点和发展定位,以生态立区为根本提出"生态责任规划师"理念,在责任规划师工作中进一步聚焦非建设空间;大兴区结合美丽乡村建设和初期的乡村责任规划师制度,建立了"1个区级总责任规划师领衔+N个责任规划师团队协同"的责任规划师工作体系;怀柔区根据区域城乡特点分为服务街道、平原镇和山区镇三类责任规划师,明确每类责任规划师团队的工作职责。

针对这些具体实践,研究团队在近1年的时间里前往密云区、怀柔区、平谷区、昌平区、门头沟区、海淀区等地的十余个乡镇调研,并以通过举办责任规划师年会、乡镇责任规划师论坛、学术沙龙等活动的形式,邀请了近百位责任规划师及市区、乡镇主管领导进行访谈,收获了大量资料,形成了对全市乡镇责任规划师工作的基本画像。

1.各区责任规划师工作情况

各区乡镇责任规划师工作可以分为项目支撑、主动探索和协同治理三类。

项目支撑类指该区的乡镇责任规划师主要配合各层级国土

空间规划上报和项目实施落地而开展相关服务工作。如昌平区责任规划师在 2020—2023 年间，除回天地区责任规划师参与例如回龙观大街城市设计竞赛等更新类项目，其余地区责任规划师主要以编审街区控规和乡镇域国土空间规划为主，对接相关主体，审查各类设施选址项目、产业落地项目与法定规划的一致性。门头沟区责任规划师参与区内重点项目"一线四矿"方案征集、109 国道立面改造等系统性方案，并将了解到的区域层面规划要求落实到国土空间规划的编审思路中。顺义区责任规划师中城区责任规划师相对比较活跃，在区级专班的组织下突出的工作内容为首都机场临空经济示范区小微空间创新设计大赛，其余乡镇地区责任规划师以常规法定规划审查任务为主。平谷区责任规划师在 2022 年以前，已开始探索重点与一般乡镇的差异化引导，但是仍聚焦在矿洞公园、大岭后村特色民宿等具体项目中。大兴区责任规划师探索与体检评估联动、建立实施案例项目库、配合具体的更新类项目。

主动探索类指该区的工作多呈现区级统筹谋划下主动探索的特点，如延庆区责任规划师聘任了区级总师，制定了"1+7"两级责任规划师体系，各乡镇责任规划师从描绘街镇乡画像入手，了解服务对象，与乡镇政府一同制定"妙画"行动手册，在妙画师论坛上交流经验和分享工作成果。怀柔区责任规划师根据区域特点分为街道、山区镇乡、平原镇三类，设立片区长，由片区长组织区内的公益课堂、进行解读、指导参与式设计等工作。密云区责任规划师通过首推生态责任规划师制度，主推生态讲座、论坛，策划观鸟经济，参与生态社区改造项目等，助力密云绿色高质量发展。通州区结合建设情况，制定了责任规划师与责任建筑师相结合的责任双师制度，描绘片区画像手册，建立新芽项目库，参与城市更新设计节等。亦庄新城责任规划师也根据区内特色，参与到工业用地更新活动中。

协同治理类指责任规划师工作主要针对信息交流专线、协同 12345 热线的问题反馈进行服务，形成因地制宜的片区化服务机制，如房山区责任规划师工作。

2. 各乡镇责任规划师团队情况

全市承担乡镇责任规划师工作的团队主要分为企业设计院、高校团队、事业单位设计院和个人四种。企业设计院包括北京清华同衡规划设计研究院、北京汉通建筑规划设计有限公司、北京北建大建筑设计院、北京工业大学规划建筑设计院等，数量最多，服务范围广，远郊区多采取一个责任规划师团

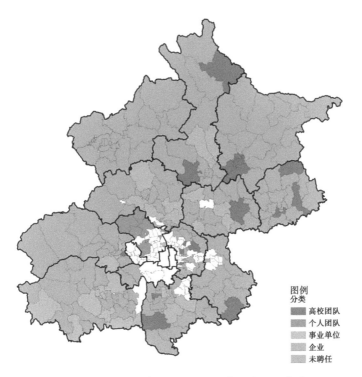

图 2-1 各类型乡镇责任规划师团队在全市的分布情况

队服务多个集中连片乡镇的方式，便于开展工作。事业单位设计院包括北京市城市规划设计研究院等，服务区域主要集中在规划编制任务较重、城乡发展诉求较多的乡镇，尤其在重点发展区域发挥重要作用，如未来科学城、怀柔科学城等。个人责任规划师集中在海淀区。

3. 各乡镇责任规划师具体工作情况

全市乡镇责任规划师的工作主要分为基础性工作、规定性工作和特色类工作三种。基础性工作主要为调研摸底、规划审查、技术咨询等，疏解提升型乡镇和平原完善型乡镇以基础性工作为主。规定性工作主要为全市统一下发的任务或指令，包

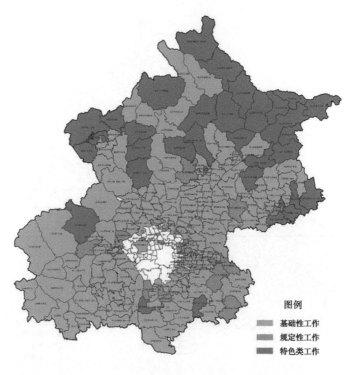

图例

■ 基础性工作
■ 规定性工作
■ 特色类工作

图 2-2　全市乡镇责任规划师各类工作的分布情况

括老旧小区改造、宅基地梳理等,"多点一区"和副中心的街道地区以此类工作为主。特色类工作主要指责任规划师主动谋划、协助乡镇发展的相关工作,包括挖掘乡镇特色发展旅游、组织特色活动等,主要集中在山区涵养型和浅山整治型乡镇。

(三)工作主要内容

调研发现,各区乡镇责任规划师的工作内容与中心城区街道责任规划师有较大差异。乡镇责任规划师主要聚焦于四个方面的工作。

第一,乡镇建设与城镇化发展。这包括集体经营性用地和非建设空间的规划设计、资源整理、品质提升等方面的工作,以及村庄住房改造、村庄环境提升、公共服务设施和基础设施完善、产业发展等方面工作。

第二,美丽乡村建设与规划。一方面,责任规划师向乡镇解读已批复的村庄规划,宣传村庄规划成果,并结合美丽乡村规划开展村庄环境整治与配套设施改善等工作。另一方面,部分乡镇责任规划师结合历史文化名村、传统村落和美丽乡村的规划编制和实施,选择有意愿和需求的试点乡村开展建设支持工作,不断完善乡村规划建设的工作组织和政策支持。

第三,非建设空间规划。特别是在生态涵养区,乡镇责任规划师通常会更关注生态空间,深入研究乡镇地区的生态空间特点,帮助属地挖掘自身的生态价值。此外,责任规划师也常常协助乡镇政府开展村庄公共空间及宅前屋后绿地的规划设计工作,以及协助乡镇政府实施耕地保护空间划定、复耕复垦、土地综合整治等工作。

第四,农产品及生态产品价值实现。在这方面,乡镇责任规划师以探索自然资源统筹再利用为重点，通过分析乡镇资源禀赋来指导乡镇充分发挥山水林田湖草的资源优势，探索可持续的生态保护与产业发展路径，积极践行"绿水青山就是金山银山"的理念。与此同时，乡镇责任规划师积极探索本地农产品宣传平台和销售渠道，挖掘本地农副产品特色提升路径，助力乡村振兴。

二、北京乡镇地区规划特点与需求

北京乡镇地区与街道地区基层治理的基础不同。从常住人口上看，城镇地区常住人口一般不低于5万人，不超过10万人，郊区的街道办事处辖区常住人口不超过15万人；乡镇地区综合人口数量以2万～5万为主，人口最多的延庆区延庆镇约13万，人口最少的房山蒲洼乡约3000人。从辖区面积上看，街道办事处辖区面积一般不小于3平方公里，最大的街道辖区面积81平方公里，最小的街道辖区0.8平方公里；乡镇面积一般约为100平方公里，最大的门头沟斋堂镇面积达到了382.2平方公里。从用地情况上看，城镇地区以国有土地为主，建设空间占比高；乡镇地区以集体土地为主，非建设空间占比高。从发展阶段上看，城镇地区以基本建成区和待更新地区为主；乡镇地区以待城镇化地区（城乡接合部）和广大乡村为主。从管理方式上看，城镇地区为社区基层治理，有较完善的法律法规、规章制度；乡镇地区是农村基层治理和村民自治相结合，正普遍处于国土空间规划编审流程的初期，大部分地区正在开展规划编制。

除此之外，北京乡镇地区还具有"大城市大京郊"的特点，坚持"大城市带动大京郊，大京郊服务大城市"的城乡融合发展道路。北京乡镇地区是保障特大城市生态安全、粮食安全的重要空间，也是服务北京四个中心功能的广阔地域，更是探索首都特点乡村振兴的主阵地。首都的乡村振兴要探索具有首都特点的新路径和新模式。

与中国广大乡村一样，北京乡镇地区也具有农耕文化所特有的内生性。乡村的农业生产、宗亲邻里关系及乡规民约呈现的"礼俗社会"不同于现代城市的"法理社会"，这种特征天然使得乡镇对村庄管控缺乏力度。乡镇责任规划师作为外来群体和乡镇政府智囊，更是要有内外协调、上下畅通、联动多方的工作能力，才能真正深入"三农"工作中。

三、北京乡镇责任规划师工作重点与难点

（一）乡镇责任规划师工作重点

在全市责任规划师制度设立以来，乡镇责任规划师的工作聚焦于给乡镇宣传北京总规、各区分区规划，特别是讲解非首都功能疏解、减量发展等一系列发展方式转型方面的新要求。针对北京乡镇地区特征，乡镇责任规划师应及时转变工作重点，从单纯的关注减量发展到注重"大京郊服务大城市""保障特大城市生态安全、粮食安全""服务北京四个中心建设"等内容的高质量发展，主要聚焦以下三方面内容：一是工作对象重生态保护。乡镇地区以非建设空间和村庄为主，具有农业生产和农民生活空间载体的双重属性，是构建生态优先、面

向全域的国土空间治理体系的关键区域。乡镇责任规划师工作应重点关注生态底线管控和生态价值的提升。二是工作内容聚焦促发展。与核心区、中心城区比较，乡镇区域生态敏感度高、发展动力不足。近郊与远郊、平原与山区乡镇发展水平和规划资源投放的差距较大。大部分乡镇地区尚处于发展阶段，亟待通过城乡统筹推进乡村振兴。乡镇责任规划师工作应重点关注集体产业发展和城乡一体化新模式探索。三是工作模式重前期策划。乡镇地区面临更为复杂的部门交叉管理情况，规划编制和实施过程中需要协调的矛盾更多，而乡镇规划管理部门专业人才短缺，规划科室常与民政、农发等部门合设，人员变动频繁。乡镇责任规划师工作应重点关注乡镇规划编审和规划知识宣贯普及等方面。

（二）乡镇责任规划师工作难点

通过对各区规自分局责任规划师专班、乡镇责任规划师及乡镇工作人员进行广泛问卷调查，结合资料分析和项目实地走访，发现乡镇责任规划师的工作呈现以下几个难点。

难点1：乡镇责任规划师工作对象差异大。北京有1.3万平方公里的区域是村镇地区，约占全市总面积的70%，乡镇责任规划师的服务范围非常大。北京乡镇包括疏解提升型、浅山整治型、平原完善型、山区涵养型四种类型，不同乡镇的资源条件、发展阶段、规划诉求千差万别，乡镇责任规划师的工作重点差异性很大。另外，北京全市呈现"山川森林—平原田野—都市居中"的总体格局，乡镇地区山水林田湖草要素齐备，其中农田占全市的96.56%，林地占96.9%，园地占97.9%，草地几近全部，乡镇责任规划师的工作对象繁杂。综合性的国土空间规划和乡村规划给乡镇责任规划师工作带来更大的挑战，很多擅长建设空间规划的责任规划师面对乡镇工作或多或少都有一定的不适应。

难点2：乡镇责任规划师工作内容跨度大。乡镇责任规划师服务范围内有重点功能区、新城街道、城乡接合部、镇中心区和众多村庄，乡镇责任规划师的工作内容涵盖城市更新、城中村治理、拆违腾退、镇区复兴、传统村落保护和村庄整治提升等各类发展诉求，乡镇责任规划师工作内容跨度大。如城乡接合部较核心区、中心城区发展速度快，城市发展重点和社会主要矛盾转变大，以昌平区北七家镇为例，20世纪90年代为该镇的快速发展期，如今呈现城镇社区与农村社区并存、农村管理体制与城镇管理体制并存的现状。笔者于2015年和2020年两次调研对比发现，随着城镇化实施的推进，五年间村民从对城乡矛盾的焦虑转化为对产城融合的期待，这就要求责任规划师具备快速转变工作方式的能力。相比而言，乡村地区的实施过程往往更为缓慢，需要责任规划师探索包容性、过程性的空间管控与引导方式。

难点3：乡镇责任规划师工作精力支撑困难。乡镇地区山高路远，责任规划师工作条件艰苦。乡镇地区先要解决吃水难、留守老人、灾后重建等基本生活问题，而不是老旧小区改造、公共空间更新、背街小巷整治等品质提升问题，责任规划师面对的问题更为迫切和尖锐。总而言之，乡镇地区工作基础薄弱、资金少、要求高，乡镇责任规划师的工作能力和精力支撑困难，要求责任规划师工作更有情怀，要善于讲究方法。

难点4：乡镇责任规划师工作职责定位不清。一方面，部分乡镇部门对责任规划师工作重视度不够、理解不深，导致责任规划师话语权不足，难以发挥作用。另一方面，对责任规划

第二章　实践研究篇

25

师工作的内涵不清晰、外延无边界，事无巨细的工作都纳入乡镇责任规划师的工作范畴，上至规划审查、写专题报告，下至农宅改造、增建充电桩，工作包罗万象，导致乡镇责任规划师规划技术引领的功能被削减弱化，主线被纷繁复杂琐碎的工作淹没蚕食，乡镇责任规划师沦为普通的画图匠和乡村工作者的角色，违背了责任规划师制度设立的初衷[①]。

难点5：乡镇责师工作制度针对性不足。除前文所述《指南》中对乡镇责任规划师工作没有具体指导，全市统一部署的小微空间更新、老旧小区改造等责师参与项目与乡镇地区发展不适配；对责师的统一技术要求也不包括乡镇发展最需要的土地评估、生态修复等关键技术；对乡镇责师工作的考核要点、培训教育、权益保障等都未建立专门的规章制度。具体来看，对于乡镇责师的考核评估制度缺少多维度的跟踪评价体系，不同责任地区工作差异较大，评选与奖励路径单一，尚未起到对于责任工作的整体激励促进作用[②]。对于乡镇责任规划师的培训教育缺少从理论基础到实践工具、从规划学科到多元领域、从政策解读到技术应用的系统培训材料的研发[③]。

[①] 比如，部分乡镇规划管理部门工作效率低、任务出口不明确，个别基层管理人员对责师工作职权不清晰、任务发布较随意，存在"滥用"责师的情况，将乡镇责师误解为"规划百科""规划科员""规划数据库""规划话务员"等。

[②] 调研发现，乡镇政府、责师、专家们对乡镇责师工作能力水平的衡量标准存在质疑，比如对乡镇责师工作考察重点是"亮眼"工程还是"接地气"的技术咨询；基于"脚力"工作的乡镇责师的工作量如何计量，"驻村"时长作为远郊区责师工作质量的衡量标准是否现实。

[③] 调研发现，目前对乡镇责师的培训主要以新政策宣讲、责师工作交流等内容为主，通过问卷调查96%的责师希望得到实操层面针对性的指导，88%的责师希望开展土地经济、生态修复方面的专业培训。

第三章

理论研究篇

第三章

国民政府篇

本部分通过对国内外相关政策文件和理论文献进行系统研究，对北京乡镇责任规划师工作的产生背景和发展历程进行全面梳理，进一步评估责任规划师作为第三方嵌入现有乡镇空间治理体制机制和关系网络中的工作响应情况，并剖析其背后的影响机制。深入辨析在当前全面落实国土空间规划体系、深入推进乡村振兴的背景下，责任规划师工作在乡镇空间治理整体框架中的核心定位和重点任务。

乡镇责任规划师，"师"之"传道授业解惑"者也。如果从乡镇责任规划师的"师"字入手思考，会发现"传道授业解惑"这三个词与责任规划师的工作关联性很强："传道"不是简单地跟村民讲理论和道理，而是在了解需求的基础上去讲解和沟通政策，这是前提和基础；"授业"可从学业引申到产业，产业发展真的是乡村发展中特别核心的环节。产业发展应根据乡镇区域和乡村个体的需求，差异化和多元化地选择；"解惑"意为不能只做美好蓝图的设想，一定要解决实际问题，给村民"讲懂说明白"。

乡镇责任规划师，"责任"要求枢纽联通，换位思考。每一位责任规划师不要认为自己是由规自分局派去各个属地的，面对属地提出的诉求摆出各种规定、限制和约束。相反，乡镇责任规划师应该将自己视为由属地聘请的，站在属地的立场上，告诉对方哪些项目能干、怎么干，这样属地才会把责任规划师当成自家人，责任规划师的各方面工作也就能开展得更顺利。

乡镇责任规划师，最重要的是要聚焦到以人为中心上。责任规划师在乡镇工作时需要理解农民心中真正美好的规划、美好的生活是什么样的，而不能仅凭规划师的一厢情愿。

——来自一位资深乡镇责任规划师的理解

一、北京乡镇责任规划师发展趋势研判

（一）文献研究

通过对知网上的文献收集，项目组共收集到 63 篇与责任规划师相关的研究文献，其中关于北京责任规划师文献共 26 篇，再其中关于北京乡镇责任规划师的文献共 12 篇。已有文献的关注焦点分为两类：一类是乡镇责任规划师的基层工作机制和存在的制度障碍；另一类是反映乡镇责任规划师实际工作内容和主要成效。

表 3-1　文献情况表

聚焦重点	数量	具体内容
制度研究	17 篇	角色定位；基层治理；制度挑战
全国经验	20 篇	成都、浙江、重庆、福州、绵阳、江苏
北京责任规划师	26 篇	胡同社区责任规划师工作经验，公共空间改造、老旧小区改造等参与过程
北京乡镇责任规划师	12 篇	延庆妈画师；密云生态责任规划师；副中心责任双师深入乡村微更新；海淀全职责任规划师实践；大兴乡村责任规划师助力振兴；怀柔陪伴式服务

通过研究，发现以上文献存在三方面局限性：

1. 研究对象上，集中于宏观层面的责任规划师研究，缺乏对乡镇责任规划师的关注

自从北京等地实施责任规划师制度以来，该制度及相关实施办法逐渐得到研究的关注。但是综观既有文献，研究集中于宏观层面的责任规划师制度框架，并聚焦于中心城区责任规划师在小微空间改造、社区营造等工作中的成效及经验，缺乏对乡镇责任规划师的关注。事实上，与中心城区相比，乡镇责任规划师有其独特的制度环境特点。首先，乡镇地区以生态空间为主，管控要素差异大。北京全市生态空间中有90%位于乡镇地区，全市基本农田保护区90%位于乡镇地区，而乡镇地区规划非建设用地共11547平方公里，约占全市规划非建设用地总量的90%。以十三陵镇为例，镇域面积158.84平方公里，非建设空间143.20平方公里，约占90.2%。其次，近郊与远郊、平原与山区乡镇发展水平差距大。从人口来看，全市乡镇规划人口规模超过10万人的有3个，8万～10万人的有7个，人口规模小于3万人的共75个，占总数的66%；从建设用地来看，乡镇地区规划城乡建设用地总面积约占全市建设用地的25%，其中超过25平方公里的乡镇仅1个，建设用地面积小于10平方公里的乡镇占总数的80%，19个乡镇的建设用地面积不到2平方公里。最后，乡镇地区资源要素丰富，规划管理难度大。乡镇地区相对于城市来说控制要素更加多样，在国土空间规划全域全要素管控要求之下，需要协调的相关部门事权更为复杂。以十三陵镇为例，在明确规划用地功能上，仍有生态保护红线管控范围、文物保护单位保护范

围和建设控制地带、风景名胜区管理范围、水源保护地管控范围、市政廊道控制范围、耕地保有量储备区、水域管理范围等八类复区。

乡镇地区的上述特点为乡镇责任规划师制度塑造了独特的制度条件，也使乡镇责任规划师拥有与中心城区不同的工作经验，面临乡镇自有的问题和困难，也彰显出独特的能力需求。以2020年关于朝阳区街乡责任规划师工作困境的一次调查为例，乡镇地区责任规划师面临的主要困境有基层负担加重、形式主义，地区差异大、目标不一，责任规划师绩效评估存在资金和经费不足等困难，而这些困难对中心城区街道责任规划师而言则不明显。为了责任规划师制度在全市的顺利开展，我们需要关注乡镇责任规划师的独特工作条件与困境。在实施层面，乡镇地区面临更为复杂的部门交叉管控现状，以及相对于城市化地区更为缓慢的实施过程，要探索包容性、过程性的空间管控与引导方式。

2. 理论建设上，集中于责任规划师制度分析，缺乏乡镇责任规划师实地工作关系分析

既有研究主要从制度层面着手，分析了北京市责任规划师的角色定位及行动策略，以及其带来的基层规划治理结构变革和相关成效，但缺乏基于责任规划师实地工作内容的实践分析。尽管责任规划师在制度层面有相对统一的职责规定与权力规范，但责任规划师在工作实践中，与属地及其他相关部门与人员所形成的不同关系网络会导致责任规划师的不同身份类型，也塑造了其独特的行动策略、所面临的困境及能力要求。

在一定程度上，责任规划师制度可视为政府借助社会专业力量辅助行政的重要举措，其主要工作围绕基层项目的建设和管理展开，基层项目涉及的部门主要为市县级各行政主管部门（纵向专业行政管理）、镇街政府（横向综合行政）、村委社区（偏重于村民自治组织）等。各部门既各司其职，又有多向联络，形成立体交织的结构。责任规划师所处的这一社会网络影响着责任规划师工作的具体实践模式。第一，责任规划师可能作为主管部门向基层延伸、执行管理监督的代理人，执行政府的管控意志，确保规划的贯彻执行，同时也需收集反馈落地端实施过程中的各类问题、意见与建议，进一步完善多级治理，这可称为"钦差型"责任规划师。在这一互动网络中，职能部门将工作需求、任务信息传导至责任规划师，形成委托代理关系，责任规划师根据任务情况，运用其个人或者团队的专业技术能力及资源，在规定的时间内完成任务。第二，责任规划师可以作为项目建设单位委托的代理人，利用其掌握的更为齐全的区域规划信息以及技术能力专长，为项目的策划立项、招投标、概念方案、工程设计、施工现场、竣工验收、运营维护、服务商管理等环节提供咨询和顾问服务，由此成为"军师型"责任规划师。在这一工作互动网络中，项目建设业主方将工作需求、任务信息传导至责任规划师，责任规划师根据任务情况，做好策划，秉承"科学合理""安全、实用、美观、经济"等原则，调动专业资源，完成任务。第三，如果民众因在专业知识、政策掌握、部门关系、办事流程等方面存在欠缺，是天然弱势的一方，某些正当合理的利益得不到保障，那么可委托责任规划师作为代理人，利用责任规划师熟悉政府部门架构及工作流程、项目管理流程、熟悉相关法律法规及政策的优势，为民众提供代言、代理、代办服务，作为合理利益诉求方与政府进行博弈或谈判，此时责任规划师则成为"律师型"责任规划师。在其所处的工作互动网络中，民众作为松散的群体，希望能有专业人士代表他们争取利益，责任规划师制度也强调了基层的公众参与，因此责任规划师承担起了这一职责。责任规划师既要代表群众面向政府，又要代表政府对接群众，这是最考验责任规划师专业之外的能力的环节。

可见，乡镇责任规划师在实地工作中所形成的社会互动关系在很大程度上影响了责任规划师的工作开展及相关决策，需要在既有制度文本分析的基础上，深入乡镇责任规划师工作实践当中，开展对乡镇责任规划师社会互动网络及具体实践的研究。

3. 研究内容上，集中于乡镇责任规划师的工作成效，缺乏对困境的研判

有关北京市乡镇责任规划师的研究文献侧重于总结各区乡镇责任规划师制度的实施经验，并基于多点地区和生态涵养区乡镇责任规划师的制度成效总结出多种典型模式。这些内容有助于北京乡镇责任规划师工作的经验总结与宣传拓展，但与此同时，减少了对乡镇责任规划师工作困境与问题挑战的研判。与中心城区相比，乡镇责任规划师在工作中通常面临更多的挑战与困境。例如，在发挥自身的技术优势方面，责任规划师的最大优势是"规划"，只有实际参与乡镇规划编制、项目建设管理"全过程"，才能将技术、理念、建议更好地体现在具体工作中并落地落实。但是现实中，乡镇相关规划的具体编制和

项目建设均有相应机构承担，责任规划师工作偏重于宏观咨询层面，直接与规划编制单位对接并参与规划编制的机会不多，责任规划师及团队优势无法充分发挥。此外，由于乡镇通常位置偏远、交通不便，而一些地区的责任规划师制度还有最低驻镇/村时长的规定，这使乡镇责任规划师在协调工作时间方面面临一定困难。特别是乡镇工作经常是临时通知或提前一天通知，这常常使责任规划师"措手不及"。而如责任规划师大量缺席乡镇会议，乡镇领导可能会认为责任规划师"太忙"、对下乡服务不重视，将影响年度考核成绩。长期以往，责任规划师就会做出取舍，将更多地选择以单位本职工作为主，对责任规划师工作则有心无力。最后，乡镇规划建设管理工作往往围绕项目来推进，除个别基础好的乡镇，多数乡镇的建设项目都非常有限。再加上乡镇规划与城乡建设管理部门任务繁重，而乡镇责任规划师主动提出的需求可能涉及乡镇其他部门的工作职责，协调过程存在不确定性。因此乡镇责任规划师提出的有关乡村人居环境、农村社区治理等议题可能难以落实。最终，乡镇责任规划师往往空有建设情怀却充满无力感，而主动提出的工作需要又容易被误解。这些导致乡镇责任规划师"被动"工作普遍存在，容易形成"等工作"的思维模式。

总之，在显著的工作成效之外，乡镇责任规划师在工作中也面临一定困境。这亟须我们通过对乡镇责任规划师工作实践的充分调研来挖掘分析，并提出相应对策，以此提升乡镇责任规划师的工作能力，改善责任规划师制度在乡镇地区的执行环境，以推动北京市责任规划事制度以更高的质量在全市得到落实。

（二）各地经验

目前乡镇责任规划师尚未有明确定义，在各地实践中名称不一，但相关制度建设、权利义务、工作内容等基本一致，核心内涵均为由政府任命或聘任的派驻至各乡镇为属地规划建设事业提供技术支持的责任规划师。2010年，四川省成都市率先在全域范围内推行乡村规划师制度，在各乡镇派驻乡村规划师。该项制度实施至今已十余年，在乡村规划建设领域积累了可观的经验，并发挥了积极作用。2016年，浙江省嘉兴市秀洲区以小城镇环境综合整治行动为契机，在省内首创驻镇规划师制度，为小城镇规划建设管理全过程提供技术支持，并向其他市推广。2017年党的十九大提出实施乡村振兴战略后，全国多个省市先后展开了乡村及乡镇责任规划师制度的探索。

通过各地政策梳理，全国乡镇／乡村责任规划师制度实践经验体现了三个特点：一是特定背景下产生的，如成都是因配合灾后重建工作，构建的责任规划师制度。二是以服务乡村建设为主，如浙江省和福州市的是以"镇"为单位服务的，其他都是以乡村为单位。三是具有公务属性，如成都市和浙江省聘任责任规划师的方式除了招聘，还有选调任职、选派挂职等方式。

表3-2　各省市乡镇（乡村）责任规划师制度建设情况表

省市	时间	制度名称	牵头单位	政策文件	聘任方式	工作重点
成都	2010年	乡村规划师	市规划和自然资源局	2010年《成都市乡村规划师制度实施方案》；2021年《成都市乡村规划师管理办法》	社会招聘、选调任职、选派挂职、个人志愿者	乡村灾后重建、城乡统筹改革
浙江	2017年	驻镇村规划师	省小城镇环境综合整治行动领导小组办公室	2017年6月《关于推广驻镇村规划师制度的指导意见》	选调任职、全职聘用、兼职聘用、政府人员担任	小城镇环境综合整治
	2021年	驻镇村规划师	省自然资源厅	2021年8月《关于推进建立驻镇村规划制度的通知》	同上	村庄规划编制
重庆	2018年	乡村规划师、下乡规划师	市规划局；市住建委牵头	2018年《关于推动全市乡村振兴试验示范工作开展规划师下乡试点的实施方案》；2019年《关于引导和支持设计下乡的实施意见》；2020年《重庆市设计下乡人才管理办法（试行）》	志愿者招募、定向委托（选派）、公开招聘	乡村振兴；农村人居环境整治、乡村振兴
福州	2021年	村镇责任规划师、村镇规划专员	市自然资源和规划局	2021年11月《村镇责任规划师制度实施方案》	定向委托	提升村庄规划编制质量
上海	2021年	乡村责任规划师	市规划局、市农委	2021年8月"乡村责任规划师"行动	社会招聘	乡村建设、乡村振兴

表3-3 各省市乡镇（乡村）责任规划师工作内容表

地区	名称	聘任方式	工作内容	任期	工作性质
成都	乡村规划师	社会招聘 选调任职 选派挂职 机构志愿者 个人志愿者	①参与及规划建设事务的研究决策，组织编制乡村规划； ②对政府投资性项目进行规划把关； ③对乡镇建设项目设计方案提出意见； ④对乡镇建设项目按照规划实施情况提出意见和建议； ⑤提出乡村规划工作改进建议	5年	专职
浙江	驻镇规划师	选调任职 选派挂职 全职聘用 兼职聘用 政府人员担任	①全域范围内规划建设管理过程； ②多方位技术服务和指导； ③围绕小城镇环境综合整治行动提供相关专业服务和技术指导	3～5年	专职 兼职
绵阳	乡村规划师	社会招聘 机构志愿者 个人志愿者	①负责向乡镇政府提出关于乡镇发展定位、整体布局、规划思路及实施措施等方面的建议意见； ②负责协助乡镇政府组织编制乡镇国土空间规划、"多规合一"实用性村庄规划，并对规划、编制成果进行技术审查； ③对乡镇、村内建设项目的选址、建筑设计方案、建设实施情况进行全过程跟踪与指导，确保项目选址科学，建设合规； ④参与土地综合整治项目的立项及实施规划的立项方案论证并具出具立项初审意见	3年	专职 兼职

38

地区	名称	聘任方式	工作内容	任期	工作性质
青岛	乡村规划师	社会招聘	①负责乡村规划相关政策法规、技术规范的解读和宣传，并协调解决相关问题； ②就村庄发展定位、村庄分类、村庄布局、空间利用及实施情况等方面提出意见与建议； ③参与乡村规划的调研、编制与方案讨论，规划方案选址、规划成果的评审及对乡村建设项目选址、规划方案的技术把关		
上海	乡村责任规划师	社会招聘	①参与乡村规划建设事务等的研究和决策； ②协助村委会对规划编制成果及建设项目的实施情况； ③跟踪与指导规划项目及建设项目的实施情况； ④解读与乡村振兴及农业发展的新政策和资讯，做好规划建设等宣传工作； ⑤利用公众号、短视频等新媒体为乡村代言	3年	兼职
重庆	乡镇社区规划师	通过志愿者招募 定向委托（选派） 公开招聘	①调研摸底； ②沟通协调； ③技术把关； ④跟踪评估； ⑤协同治理； ⑥传播推广	3年	专职 兼职
福州	村镇责任规划师	定向委托	①参与乡镇规划建设事务研究决策，参与或组织编制乡镇规划，参与组织编制和设计方案向上级规划主管部门提出意见； ②协助乡镇政府针对乡镇建设项目的规划和设计方案实施，推动"美丽乡村"建设； ③监督和促进乡镇规划实施，推进乡镇规划	3年	兼职

第三章　论理研究究篇

通过整理各地乡镇责任规划师制度发展情况可知，乡镇责任规划师制度基本由市县级或乡镇级政府主导，以聘任、委托或合作的方式引入乡镇责任规划师，参与乡镇规划建设。一些地区（如浙江等地）由政府为完成乡村建设任务或某批乡村规划建设项目而招聘乡村责任规划师或规划师团队，委托规划师或团队完成乡建项目。此类乡镇责任规划师一般为兼职，工作内容、时间安排主要围绕项目展开，除此之外，要兼顾乡村建设项目实施管理、乡村规划技术支持等工作内容。责任规划师或团队对项目负全责，政府一般只负责控制项目进度和成果验收。此外，还有地方（如成都）政府以间接雇员的形式聘任乡镇责任规划师，具体方式如选调任职、选派挂职、社会招聘或由政府工作人员担任。责任规划师的主要职责包括参与规划研究和决策、组织编制乡村规划、乡镇建设项目实施管理、规划技术审查、乡村规划工作改进建议等，工作重点侧重规划管理方向。

与之相比，北京乡镇责任规划师则主要以技术服务方式介入乡镇规划工作，政府聘任乡镇责任规划师，受聘者类似于与政府合作的技术专家，持续为辖区内的乡村规划建设事业提供乡镇规划建设项目技术审查与相关技术指导、培养基层规划人才、跟踪并研究辖区内乡镇规划问题等技术服务。由于北京乡镇责任规划师的独特定位，以及北京市独特的乡镇发展条件，尽管其他地区的乡镇责任规划师制度经验有一定的借鉴意义，但对北京乡镇责任规划师工作的适用性有限，无法照搬经验作为北京相关制度的直接指导。因此，需要在已有文献与案例的基础上，基于北京乡镇责任规划师的调研实践，探索适用于北京乡镇责任规划师工作的技术体系与制度经验。

（三）对北京的启示

从上述各地责任规划师制度发展情况可以看出，每个城市的责任规划师制度都立足于当地城乡社会发展阶段而制定并不断调整。例如，成都的乡村规划师制度基于自身的全国统筹城

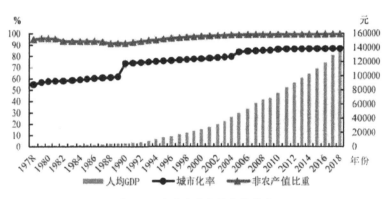

图 3-1　北京城市发展变化趋势
（资料来源：历年《北京市统计年鉴》）

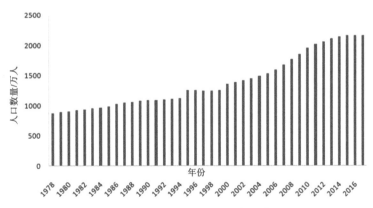

图 3-2　北京市常住人口数量变化趋势（单位：万人）
（资料来源：历年《北京市统计年鉴》）

乡综合配套改革试验区工作而设立，致力于通过统筹城乡规划推进城乡社会的统筹发展；浙江驻镇规划师制度起源于省内小城镇发达的历史传统，并由此纵向拓展至驻村规划师、横向拓展到街道社区规划师。因此，全国各地乡镇责任规划师制度对于北京的借鉴意义，也应立足于北京市自身的城乡建设状况与城市发展阶段而展开挖掘与反思。

进入 21 世纪以来，随着北京经济建设的不断发展，一些深层次矛盾和空间布局不合理问题越发严重，人口资源环境矛盾日益凸显。1997 年，北京市常住人口为 1240 万人，2013 年增长到 2114.8 万人，平均每年增加 54.7 万人，相当于每年新增一个外国大城市的规模[①]。在这一背景下，北京从党的十八大以来迎来了新的发展阶段。这一阶段明确了新时代北京发展的战略定位和发展目标，将北京定位为全国政治中心、文化中心、国际交往中心、科技创新中心，提出了建设国际一流和谐宜居之都的发展目标。围绕这一城市定位，北京市城乡社会建设表现出几个显著特点。第一，将"疏解非首都功能"提升到至高地位，而这是通过高水平建设北京城市副中心和全力支持雄安新区建设实现的，形成了北京地区"一核两翼"联动发展的新格局。第二，强调资源环境承载能力的刚性约束条件，在确定人口总量上限、生态控制线、城市开发边界的前提下，谋求由扩张性城市建设模式转向优化空间结构的城市建设模式[②]。在这一总基调下，"减量发展"成为北京当前城市发展的主线。

---

① 陆小成.首都城市功能的历史演进与发展路径［J］.城市管理与科技，2022，23（03）：32—35.

② 《北京城市总体规划（2016 年—2035 年）》，北京市人民政府官网，https://www.beijing.gov.cn/gongkai/guihua/wngh/cqgh/201907/t20190701_100008.html.

自党的十八届三中全会提出生态文明体制改革以来，多项政策文件相继对北京发展提出减量要求，即通过控制城镇建设用地规模、盘活存量建设用地、调整产业布局等措施，实现城市减量优化与功能提升。国土资源部（2016）、北京市发展和改革委员会（2016）先后对北京减量达成共识。2017 年发布的北京总规强调以减量引领转型的规划思路，"双控三线"措施则再次强调了对人口、用地规模的限制，明确提出以减量引领转型，以资源环境承载力为底线，通过城乡建设用地的减量提质，促进非首都功能疏解、优化资源配置、提高城市治理水平。这标志着北京成为全国第一个提出减量发展的城市。2018 年颁布的《北京市关于全面深化改革、扩大对外开放重要举措的行动计划》更是将推动"减量发展"放在首位[①]。总之，21世纪以来，城市规划经历了从增量、存量到减量发展的探索[②]。如今，减量发展已成为北京实现城市高质量发展的重要举措，指导着北京的土地节约利用、用地功能调整和产业创新发展。

在城市减量发展背景下，北京乡村振兴战略取得丰硕成效，农村进入了新的发展阶段，这主要体现在四个方面。首先，农村人居环境整治任务全面完成，美丽乡村建设取得重大进展。"百村示范、千村整治"工程深入实施，村庄规划实现"应编尽编"。其次，低收入农户脱低任务全面实现，农村民生保障能力明显增强。低收入农户收入全面过线，低收入村全面消除，社会保障水平持续提高，城乡基本公共服务差距进一步缩小。再次，农村绿色发展水平稳步提升。累计创建 38 个中

---

① 陆小成.首都减量发展的国际经验与政策启示［J］.城市管理与科技，2018，20（04）：43—45.

② 施卫良.规划编制要实现从增量到存量与减量规划的转型［J］.城市规划，2014，38（11）：21—22.

国美丽休闲乡村、32 个全国乡村旅游重点村、274 个星级民俗旅游村,已有乡村精品民宿品牌 699 家。最后,农村改革全面推进,城乡融合发展体制机制初步建立。农村集体土地管控得到全面加强,闲置宅基地盘活利用初见成效,集体经营性建设用地改革试点顺利完成①。

1. 建立全市统一制度框架下乡镇责任规划师相对独立的管理机制

在制度设计方面,北京市乡镇责任规划师制度划归于全市责任规划师制度之下。2019 年出台的《北京市责任规划师制度实施办法》中,尽管提出了差异化工作引导方向,将责任规划师按工作区域分为首都功能核心区、中心城区、多点地区和生态涵养区,但责任规划师的聘用方式、责任义务、准入机制、考核标准等方面均未将城区街道和乡镇农村区分设置。相比之下,其他一些省市责任规划师制度在创立初期或完善阶段,大多都将城区街道与乡镇农村地区的责任规划师分开设置,针对乡镇责任规划师出台独立的制度实施方案和管理办法。例如,上海在 2021 年除了针对城市管理精细化、城市更新、15 分钟社区生活圈建设等工作设立了社区规划师制度,还由规自局和农委牵头推行了"乡村责任规划师"行动,二者各有侧重、同步推进。这使全市域的责任规划师工作能够更好地落地实施,城市地区和乡村地区的责任规划师工作相得益彰。

北京乡镇地区的特点为乡镇责任规划师制度塑造了独特的制度条件。为了推进责任规划师制度在全市范围内的顺利开

---

① 北京市人民政府,2021 年,《北京市"十四五"时期乡村振兴战略实施规划》。

展，借鉴其他省市实践经验，北京应在全市统一的制度设计框架下，为乡镇地区设立相对独立的责任规划师制度实施细则，避免将乡镇责任规划师与城区责任规划师纳入统一的管理机制中。

2. 明确乡镇责任规划师工作着力点，突出首都特色

在《指南》中，乡镇地区责任规划师的工作重点内容涵盖范围较广泛，在实施乡村振兴战略、提高村镇高质量发展、促进城乡融合发展等方面均有涉猎。但北京乡镇地区"大京郊"的特征，使得这种大而全的工作要求，反而使乡镇责任规划师在工作中抓不住重点，难以发挥出工作成效。相比之下，其他一些省市的责任规划师制度则针对乡镇地区明确了工作重点。例如，成都的乡村规划师制度围绕配合全国统筹城乡综合配套改革试验区工作展开，助力规划的编制、实施和监督检查职能在乡村地区的拓展，以实现成都规划重点逐渐从重城轻乡转向城乡并重；浙江驻镇规划师则以小城镇高质量发展为工作重点，围绕小城镇环境综合整治行动提供相关专业服务与技术指导；重庆市乡村规划师制度侧重于从规划设计维度推动农村人居环境整治工作的深入落实。有鉴于此，北京乡镇责任规划师制度也应明确近远期工作重点，使乡镇责任规划师工作有的放矢，推动乡镇责任规划师工作见成效。

就目前北京乡村发展阶段而言，建议乡镇责任规划师工作重点可围绕以下几个方面展开：第一，帮助落实乡村规划管控。乡镇责任规划师借助规划专业知识，协调乡镇政府居民各主体之间关系，统筹各级规划在乡镇层面落位。第二，助力乡村风貌提升工作。乡镇责任规划师帮助加强村庄风貌引导，突出乡土特色和地域特点，协助推进村庄和庭院整治，促进村庄

形态与自然环境、传统文化相得益彰。借助规划力量引导乡镇居民参与乡村绿化美化亮化，包括整体规划并鼓励村民通过在房前屋后、庭院内外栽种果蔬、花木等方式开展绿化美化。除此之外，乡镇责任规划师工作重点也应依据不同区域有所调整。城镇建设区以推进城镇化改造、提升生产空间效率、改善生活空间品质为导向，推动乡村人口空间相对集聚与优化，支持近郊区加快城市化进程，积极探索城乡融合发展新路径；生态保护红线区以加强生态保护与恢复、提升生态功能、完善生态格局为导向，维护提升区域生态功能及其服务价值；乡村风貌区以推进乡村全面振兴为导向，分类推动村庄发展，保护乡村特色风貌[①]。

3. 探索乡镇责任规划师多元化招募渠道

北京乡镇责任规划师聘用机制主要依赖社会招聘方式，例如公开招聘、社会招募、定向委托等形式来进行选聘。相比之下，成都招募责任乡村规划师的渠道大致分为五种，除了社会招聘，还包括选调任职、选派挂职、机构志愿者和个人志愿者。其中，社会招聘乡村规划师是区（市）县政府面向全国公开招聘符合条件的专业技术人员；选调任职乡村规划师是以人才引进的方式，面向国内机关或事业单位引进符合条件的优秀专业技术人员；选派挂职乡村规划师是由市及区（市）县规划部门选派符合条件的专业技术骨干；机构志愿者是面向全球征集优秀规划、建筑设计机构，或动员本地高校、规划或建筑设计单位、开发企业等机构，由其选送符合条件的专业技术人员；个人志愿者则是面向全球公开征选符合条件的专业技术

① 2021年8月，《北京市"十四五"时期乡村振兴战略实施规划》，http://www.gov.cn/xinwen/2021-08/12/content_5630961.htm.

人员①。福州在每个乡镇配备一名驻镇责任规划来负责专业咨询、技术把控、沟通协调及宣传服务等职责之外，还在试点乡镇同步配备规划专员与责任规划师，以"一员一师"搭建便捷的沟通渠道，提升全市乡镇国土空间总体规划和村庄规划编制管理水平。村镇规划专员由福州市自然资源和规划局会同市委组织部针对市引进生的工作安排，邀请驻镇村挂职锻炼的市引进生担任，负责联络、沟通、指导所在乡镇及周边村庄规划编制与实施工作，积极对接驻镇责任规划师做好村庄规划建设审批②。

　　成都、福州等地乡镇责任规划师多元化的招募方式有助于提升乡镇责任规划师制度弹性，以适应不同乡镇地区的工作需求。北京乡镇与村庄依据其分布区位和发展情况，包含城镇集建型、整治完善型、特色提升型、整体搬迁型等不同类型，也有不同的服务需求。例如，城镇集建型乡镇和村庄重在加快实现城乡人居环境基础设施互联互通、共建共享，其中城乡接合部及"一绿""二绿"地区短期内要腾退、拆迁的村庄，重在保持干净整洁，保障群众基本公共服务；整治完善型村庄重在完善人居环境基础设施，提高建设管护水平，逐步提升乡村风貌，推动农村人居环境与产业发展互促互进等。针对北京不同乡镇工作层级和区域的工作需求，应拓展选调任职、本地规划专员、规划志愿者等人才招募方式，以提升制度在全市域的适应性。例如，在规划任务较少的偏远乡镇，可依托驻村书记等

---

① 张佳，杨振兴. 成都：责任乡村规划师"1573"模式的探索与实践［J］. 北京规划建设，2021，（S1）：52～55.

② 《福州市引进生担任"村镇规划专员"》，福州市人民政府官网，2022年9月26日，https://www.fuzhou.gov.cn/zwgk/ghjh/zxgh/202209/t20220926_4441054.htm.

机制，聘用熟悉本地情况的规划志愿者。乡镇责任规划师多元化的招募方式在节省成本的同时，也有助于提升乡镇责任规划师在不同地区和层级的服务弹性。

二、北京乡镇责任规划师社会网络分析

（一）社会网络分析的方法论基础与应用启示

1. 社会网络分析的方法论基础

社会网络分析（social network analysis，SNA）是由社会学家根据数学方法、图论等发展起来的定量分析方法，主要用于分析社会网络的关系结构及其属性，它既是一种分析方法，也是一种社会研究的思维模式。在表现形式上，SNA 可以基于关系数据进行可视化，较为形象直观地描述出网络形态，刻画出网络节点之间的相互关系。在数据分析上，SNA 可以对各种关系进行精确的量化计算，通过指标测算，从更深层次描述整个网络结构。使用网络可视化和指标刻画的方式对相关关系进行描述，一方面可以加强视觉上的直观感受，另一方面从整体、局部和个体层面对关系网络进行分析，可以更深层次地厘清关系的形成与传导路径。

社会网络分析从方法论来看，具有几个鲜明的特征。首先，社会网络分析蕴含了一些社会学的基本假设，如个人和社会之间的关系、微观和宏观之间的关系等。对此，伯特[①]曾指

[①] Burt, Ronald. 1986. "Comment." In Siegwart Lindenberg, James S. Coleman and Stefan Nowak(eds.) *Approach to Social Theory*. New York: Russell Sage.

出："网络理论的解释以关系模式为基础，它捕捉社会结构中的原因（causal factors），不考虑在社会结构中占有一定位置的个人所具有的虚假特征。"其次，社会网络分析反对文化论、实在论和方法论个人主义。大多数网络分析学者认为，社会系统的有机团结并不以社会成员对它的认识为基础，而是以客观存在的社会关系之间的互锁（interlock）和互动为基础。再次，社会网络分析反对过分强调行动者的目的性行为。在网络分析学者看来，社会结构一旦由行动者建立起来，它就会对行动者具有约束力，因而他们的行为不可能完全突破社会网络结构的限制。最后，社会网络分析与主流社会学中的实证"定量"研究显著不同。受图论、概率论和几何学等数学方法的推动，兴起于 20 世纪 60 年代的社会网络分析把研究焦点聚集在社会系统的层面上，它关注的是整个互动领域和社会情境的作用。

总之，不论网络中的行动者处于哪个层次（个体、群体甚至社会），网络分析的目标都是通过对行动者的分析获得关于整个网络的知识。这使得网络分析形成了一种有趣的"二元论"现象：在这种分析方法中，群体的性质往往是由其内部行动者之间的互动决定的，而这些行动者的互动则是由他们所处的群体之间的互动决定的。因此，网络分析将同时兼顾个体和群体两个层面，并在宏观和微观社会实体之间建立沟通的桥梁。

2. 乡镇责任规划师社会网络分析的启示

北京市自从出台《实施办法》以来，乡镇责任规划师作为沟通政府与基层群众的桥梁和乡镇地区行政机构的能力补充，在规划指导、技术咨询、政策宣讲、乡村治理等方面发挥了重要作用。与此同时，我们也要清醒地看到，随着责任规划师乡镇农村工作的深入推进，各地区在实践探索中也存在一些问题。对此，通过搭建社会网络，能帮助我们分析个人所处社会网络的关系结构及其属性，有助于将个体与其所处的微观网络联系起来理解行动主体的困境与问题。乡镇责任规划师处于政府规自部门、属地政府、村民、驻镇企事业单位、规划设计单位、开发主体等不同利益相关方构成的网络中，也是在宏观层面连接城市与乡村的重要关系枢纽，因此可以通过呈现责任规划师所处的社会网络，来发掘乡镇责任规划师工作的意义价值和困境所在。

首先，社会网络分析可以帮助识别并分析责任规划师与不同主体之间的交流与合作网络，了解不同主体之间的联系、沟通与协作情况。这有助于发现沟通流动的瓶颈、关键节点和协作程度，从而提供改进责任规划师制度和工作效率的建议。其次，社会网络分析可以量化网络中的不同指标，由此评估社会网络的整体特征。通过测量和分析各种关系指标，可以评估乡镇社会网络在配备责任规划师前后是否紧密、有效，以此揭示责任规划师的重要价值维度。此外，社会网络分析可以揭示各主体之间可以存在的"交流孤岛"现象，即某些主体之间的信息交流相对较少或没有。通过识别这些"交流孤岛"，可以采取相应的措施来促进技术互动与信息共享，提高工作效率和决策质量。最后，通过社会网络分析，我们也可以综合评估责任规划师制度在乡镇的整体实施效果，以此为建立完善责任规划师工作考核评估办法提供参考，以加强对全市责任规划师工作的规范管理，建立高水平的责任规划师队伍。

（二）乡镇责任规划师社会网络的建构

1. 社会网络的基本要素

乡镇社会网络的基本要素包括节点主体及相互之间的互动关系。

首先，网络的节点代表纳入分析的不同主体，是建构社会网络首先需要确定的内容。就本书而言，社会网络的节点主要包括四个方面：首先，各类政府部门，包括区属规自部门、农业部门等区属政府部门，也包括乡镇政府；其次，社会主体，包括作为基层群众自治组织的村委会和居委会以及乡镇辖区内的村民和居民；再次，主体来自市场领域，如外来驻镇单位、村镇集体企业、土地开发主体等；最后，主体则是来自规划系统的力量，及规划设计单位和责任规划师。明确该社会网络所涉及城市与乡镇中的不同行动者，为我们研究乡镇责任规划师的工作内容奠定了基础。

此外，孤立存在的节点显然无法构成网络，而只有产生相互关系才能形成完整的社会网络。因此，各节点主体之间的互动关系也是社会网络不可分割的基本要素。在本研究中，除了不同节点之间的互动关系，还将互动关系的强弱纳入考察，并将之分为五个等级：无互动关系（0级）、不太频繁（1级）、一般（2级）、较频繁（3级）、非常频繁（4级）。除此之外，本研究还从互动关系的内涵维度进行考察，将节点之间的关系分为信息沟通、技术指出、权力形式和情感联系四个维度，并收集各主体之间在不同维度上的关系强度，再在之后的分析阶段进行综合，以增强数据的可信性和有效性。

在社会网络建构时，可以进行网络的前后时序比较，即针对某个乡镇，先根据没有配备责任规划师的情况来建立社会网络，再加入责任规划师这一节点后建立新网络，来比较前后两个社会网络各指标的变化，以揭示乡镇责任规划师在城乡联系与发展中的主要发力点。

2. 社会网络的建构方式

（1）数据来源

本研究用问卷法收集定量数据，以之为主要依据展开网络分析。在调研中，研究人员针对乡镇领导与乡镇责任规划师设计问卷，收集日常工作中的关系网络来建立可用作定量分析的矩阵数据。具体而言，问卷中的问题以量表形式为主，测量乡镇政府、乡镇责任规划师及城乡各主体之间的关联强度。除此之外，为了获取有关乡镇责任规划师在乡镇社会网络的状态，将特别针对乡镇政府设计问卷来收集责任规划师介入前后的乡镇关系网络形态，以及收集乡镇领导对乡镇规划建设的预期，以作为结果指标辅助评判责任规划师的实际工作效应。

经过发放问卷，已收集到北七家镇、南口镇、沙河镇、十三陵镇、四海镇、小汤山镇、永宁镇七个乡镇政府及其责任规划师的有效问卷反馈，并通过匹配获得七个乡镇在配备责任规划师前后的社会网络状态。这些构成了本文分析的数据来源，以下将以这七个乡镇为例展开北京乡镇责任规划师的社会网络分析与评估工作。

（2）技术工具

社会网络分析发展到今天，已经有较成熟的计算机辅助技术。本研究专题主要使用 UCINET 和 NetDraw 两种社会网络分析软件来实现乡镇责任规划师工作网络的可视化呈现及各维度指标的分析。

UCINET 是社会网络分析领域最常用的软件之一，基于 Windows 平台运行。UCINET 能够处理的原始数据为矩阵格式，提供了大量数据管理和转化工具。UCINET 包含探测凝聚子群和区域、中心性分析、个人网络分析和结构洞分析在内的网络分析程序，可以实现多种社会网络分析目标。UCINET 可以计算网络中节点的度数、中介性、聚类系数等指标，帮助研究者了解网络的结构特征。此外，UCINET 还包含为数众多的基于过程的分析程序，如二模标度（奇异值分解、因子分析和对应分析）、角色和地位分析（结构、角色和正则对等性）、拟合中心—边缘模型等。该软件本身不包含网络可视化的图形程序，但可将数据和处理结果输出至 NetDraw 等软件作图。

NetDraw 同样是当代社会网络研究最常用的计算机软件，主要帮助研究者进行复杂网络结构的可视化分析。NetDraw 具有十分形象的直观图形分析显示能力，使研究者可以快速地创建和编辑复杂的网络图形，并通过多种方式展示和分析网络中的关系。在 NetDraw 软件中，研究者可以根据具体需求选择合适的算法来展示网络结构，并通过设置节点和边缘的颜色、形状、大小等属性来突出显示网络中的重要节点和关系。作为 UCINET 软件的插件，NetDraw 可以方便地与 UCINET 进行集成使用。

3. 社会网络的建构成果

根据七个乡镇的问卷返回结果，利用 UCINET 和 NetDraw

软件进行数据处理和可视化工作后，得到各乡镇在配备责任规划师前后的社会网络图。其中，节点的大小表明其在网络中的中心性地位，线条的粗细表明节点联系的紧密程度。下文将在社会网络图的基础上，进一步运用分析软件从整体网和个体网两个角度来探究不同社会网络的各方面特征参数。

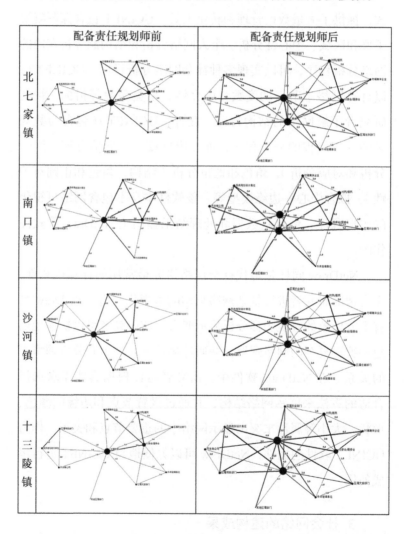

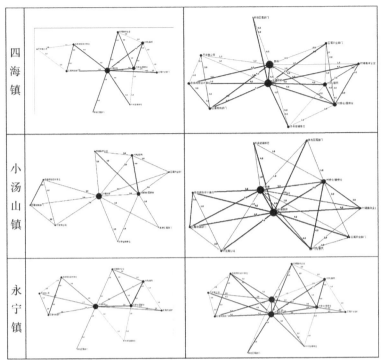

四海镇	
小汤山镇	
永宁镇	

图 3-3　七个乡镇在配备责任规划师前后的社会网络图

（三）乡镇责任规划师整体网的分析与评估

整体网络分析是从宏观角度对网络的整体结构进行分析，测量整个网络的密度，非正式群体的分布结构等。对乡镇责任规划师进行整体网分析，可从整体网规模和结构两方面进行研究。在整体网规模方面，网络密度和网络凝聚力指数可以反映出网络的复杂程度和网络的紧密程度；在整体网结构方面，核心—边缘分析与块模型分析可以将复杂的网络结构进行简化表示，并通过对位置关系的研究划分出网络中的核心—边缘结构及协作结构。

1. 整体网规模分析

（1）整体网的密度

网络各节点成员彼此间的联系是不尽相同的，成员间互动的程度用密度来衡量。网络密度表征的是网络的整体特征，是网络中各节点之间真实存在的关联与理论上可能存在的所有关联的比值，取值范围在 0 到 1 之间。网络密度值越大，表示网络模型中的个体的联系越紧密，网络的整体结构呈现稳定的态势。本文中，密度值越大，则表示乡镇责任规划师工作响应网络各主体之间的传导路径越紧密，网络越坚固。

表3-4　七个乡镇社会网络的密度指标表

	配备责任规划师前	配备责任规划师后
北七家镇	0.2545	0.3788
南口镇	0.2889	0.3818
沙河镇	0.2545	0.3636
十三陵镇	0.1273	0.3636
四海镇	0.3111	0.3273
小汤山镇	0.3333	0.3818
永宁镇	0.3333	0.4182
均值	0.2718	0.3736

从各乡镇的问卷结果来看，配备责任规划师使七个调查乡镇中的社会网络密度均有所增加，即说明乡镇责任规划师能够提升乡镇日常工作中与城乡各主体之间的联系紧密程度。总体而言，在配备责任规划师后，乡镇社会网络密度从 0.2718 增

加到 0.3736，但各乡镇的密度增幅有所差异。相对而言，十三陵镇在配备责任规划师后乡镇社会网络密度增加最明显，由原来的 0.1273 增加至 0.3636，明显提升了乡镇中的各主体网络密度与牢固程度；而四海镇则增幅最弱，仅从 0.3111 增加至 0.3273，这可能是由于原始乡镇社会网络密度较高，增幅空间并不大。

（2）整体网的凝聚力

社会网络的凝聚力是由网络的连通性等因素决定的，通常借助于节点之间的距离来测量。两点之间的距离表示能使两点联系起来的最小的边数，我们可以通过计算网络的平均最短路径来衡量节点之间联系的紧密程度，即整体网的凝聚力。一般来说，结构上具有更强凝聚力的网络群体能更快地传递信息或资源。

表 3-5　社会网络凝聚力的含义表

低凝聚力的社会网络	高凝聚力的社会网络
权力分布不均衡	权力分布更均衡
信息分布不均衡	信息分布更均衡
行动主体之间不平等	行动主体之间更平等
网络整体易受到个别节点的影响	网络整体不易受到个别节点的影响
分派结构明显	均匀结构明显

从问卷数据来看，配备责任规划师有助于增强乡镇工作社会网络的凝聚力，因此将提升网络中权力和信息的均衡化分布，促成更加平等的主体间关系，因而使整个社会网络不易受到个别节点的影响，弱化网络中的分派结构。从各乡镇之间来

看，配备责任规划师也有助于平衡不同乡镇之间的社会网络凝聚力差异，从配备责任规划师前的 0.182~0.667 差异范围（标准差为 0.15）总体提升至 0.645~0.691 的差异范围（标准差为 0.02），缩小各乡镇之间社会网络的凝聚力差距。具体而言，十三陵镇责任规划师在提升乡镇社会网络凝聚力指标方面最为明显，而四海镇、南口镇在这方面变化较小。

表3-6　七个乡镇社会网络的凝聚力指标表

	配备责任规划师前	配备责任规划师后
北七家镇	0.521	0.687
南口镇	0.6	0.691
沙河镇	0.508	0.669
十三陵镇	0.182	0.682
四海镇	0.633	0.645
小汤山镇	0.667	0.691
永宁镇	0.567	0.691
均值	0.525	0.679

2. 整体网结构分析

（1）整体网的核心－边缘结构

核心－边缘结构分析根据网络中节点之间联系的紧密程度，将网络中的节点分为两个区域，核心区域和边缘区域。处于核心区域的节点在网络中占有比较重要的地位，核心－边缘结构分析的目的是研究社会网络中哪些节点处于核心地位、哪些节点处于边缘位置。社会网络分析方法中的核心－边缘结构分析可以对网络"位置"结构进行量化分析，区分出网络的核心与边缘。

在问卷数据的基础上，通过 UCINET 软件分析会发现责任规划师通常会改变乡镇社会网络的"核心-边缘"结构，即会使先前位于核心区域的主体移动至边缘区域内，而使先前处于边缘区域的主体进入核心区域中。其中，在配备乡镇责任规划师后，从网络边缘区域进入核心区域发生最多的是规划设计单位和开发主体，表明乡镇责任规划师在大多时候增强了规划设计单位和开发主体在乡镇规划建设工作中的参与程度。然而，村民/居民在网络中所处的区域常常在配备责任规划师后由先前的核心区域变为边缘区域中，这意味着乡镇责任规划师通常是在乡镇或村/居委会层面展开工作，而未能显著提升村民/居民的参与程度。因此在今后工作中，建议增强责任规划师与属地村民/居民的联系，提升个体在村镇规划建设中的参与。与之相似，区属农业部门在乡镇配备责任规划师后也多次发生从核心区域转向边缘区域的过程，这提醒责任规划师在着力改善乡镇的规划建设工作之余，也应关注乡镇农业发展等方面的工作，助力北京实现全方位的乡村振兴。

除了上述变化，网络中也有一些节点主体在配备责任规划师前后没有发生核心-边缘维度的明显变化。例如，区属规自部门、乡镇政府和村委会/居委会始终处于乡镇社会网络的核心区域内，而外来驻镇单位则通常位于网络的边缘区域。在此基础上，结合上述变化情况，我们可以提炼出一个乡镇在配备责任规划师前后"核心-边缘"结构更为普适的总体现状。在这个现状中，乡镇社会网络在配备责任规划师前的核心区域通常包括区属规自部门、区属农业部门、乡镇政府、村委会/居委会、村民/居民，边缘区域则通常包括外来驻镇单位、规划设计单位、开发主体；而在配备责任规划师之后，乡镇社会网络的核心区域通常包括区属规自部门、村委会/居委会、责任规划师、乡镇政府、规划设计单位、开发主体，而外来驻镇单位、区属农业部门、村民/居民则通常位于边缘区域。

表3-7 七个乡镇社会网络"核心—边缘"结构的总体现状表

配备责任规划师前		配备责任规划师后	
核心区	边缘区	核心区	边缘区
区属规自部门 区属农业部门 乡镇政府 村委会/居委会 村民居民	外来驻镇单位 规划设计单位 开发主体	区属规自部门 村委会/居委会 责任规划师 乡镇政府 规划设计单位 开发主体	外来驻镇单位 区属农业部门 村民/居民

（2）整体网的凝聚子群结构

凝聚子群（cohesive subgroup）分析是社会网络分析中的重要方法，其目的是揭示社会行动者之间实际存在的或者潜在的关系。当网络中某些行动者之间的关系特别紧密，以至于结合成一个次级团体时，社会网络分析称这样的团体为凝聚子群。如果该网络存在凝聚子群，并且凝聚子群的密度较高，说明处于这个凝聚子群内部的这部分行动者之间联系紧密，在信息分享和合作方面交往频繁。在技术层面，可以使用块模型（block model）来分析社会网络中的凝聚子群。这是一种矩阵代数方法，其中的"块"是指结构等价行为人的一个亚方阵，阵中行为人与其他块中行为人关系相似。块模型将一个社会网络分成两个及两个以上的子群，对这些不同位置的关系进行简化可视化表达，从而展示网络的整体结构特征。

表 3-8　七个乡镇社会网络的块模型分析结果

	配备责任规划师前	配备责任规划师后
北七家镇	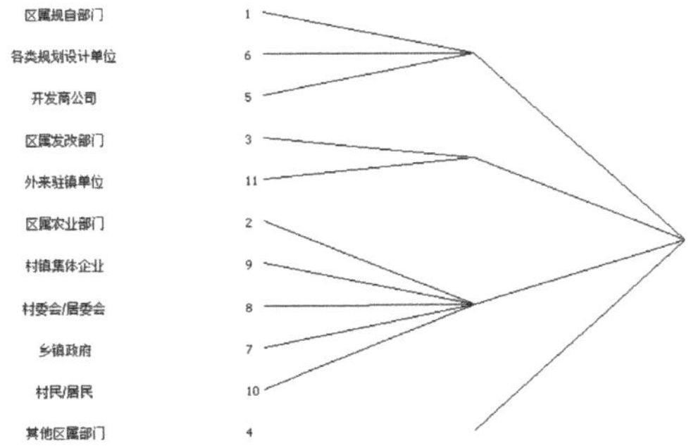	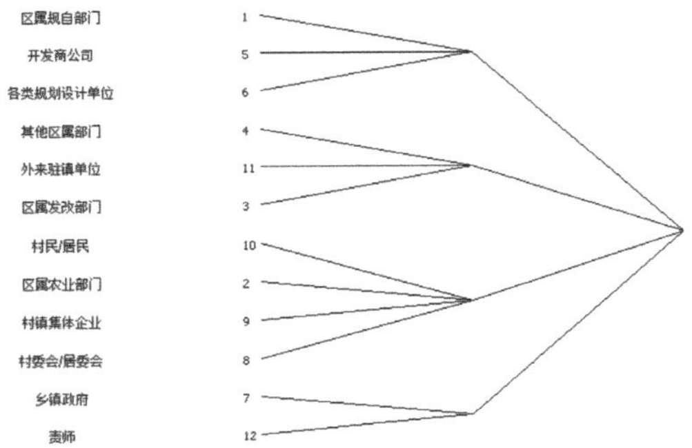
南口镇	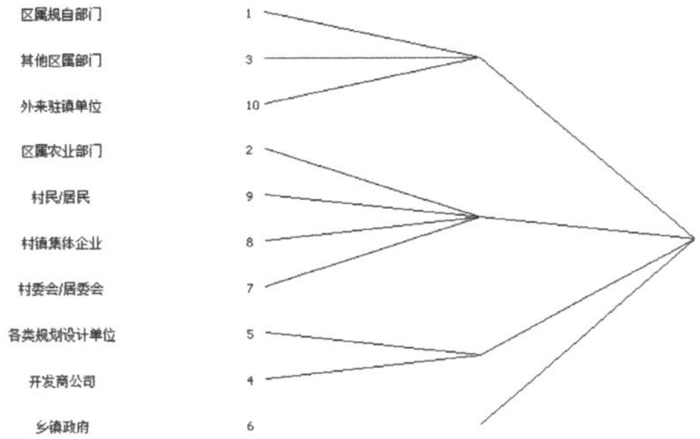	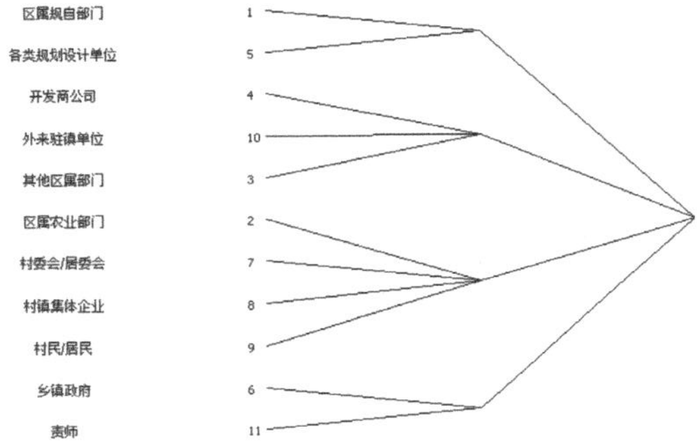

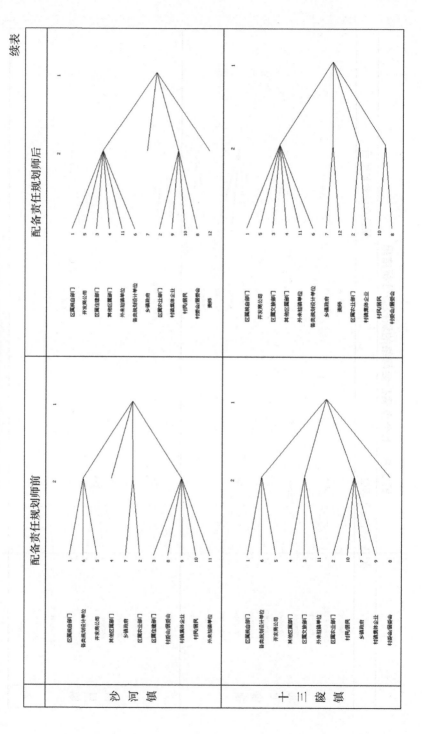

北京乡镇地区责任规划师工作方法体系研究

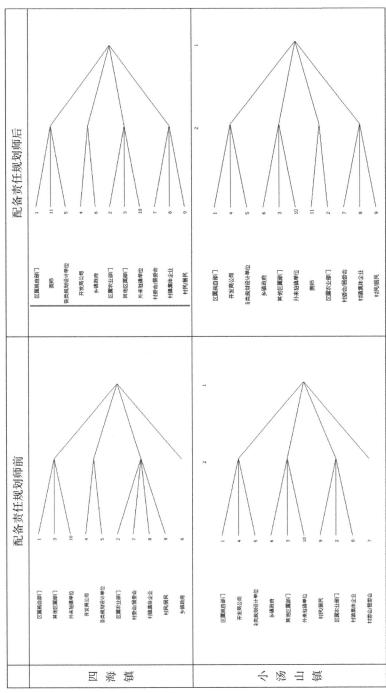

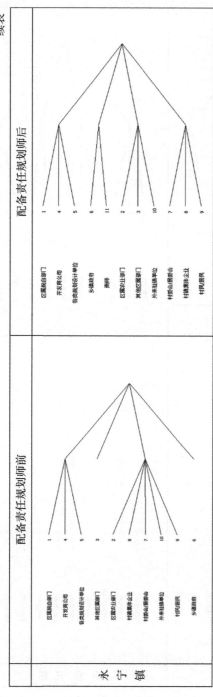

续表

配备责任规划师后

配备责任规划师前

永
宁
镇

责任规划师是新加入乡镇原有社会网络中的外部主体，我们首先需要考察的是责任规划师加入乡镇社会网络后通常会与哪些行动主体构成一个子群。从七个乡镇的块模型分析中可以看到，七个乡镇中有四个乡镇（北七家镇、南口镇、十三陵镇、永宁镇）在配备责任规划师后，形成了"乡镇政府＋责任规划师"的凝聚子群，是最主流的子群结构形态。这表明责任规划师在进入乡镇社会网络后，通常能够与乡镇政府形成较为密切的合作关系，构成了一种相对理想的制度实践状态。但是，也有责任规划师在进入乡镇后构成了其他凝聚子群结构，例如四海镇责任规划师并没有与乡镇域内主体组成子群，而是组成了"责任规划师＋区属规自部门＋规划设计单位"这样的凝聚子群，表明在该乡镇中责任规划师仍主要在上级规划部门系统内展开工作，与基层乡镇联系较弱。除此之外，还有乡镇责任规划师与区属农业部门（小汤山镇）构成凝聚子群，或责任规划师自身独立构成子群（沙河镇），这些情况表现出乡镇责任规划师对在乡镇网络中所处位置的多样性。

从乡镇政府来看，配备责任规划师前后乡镇政府所处的凝聚子群变化大致有三种模式。

第一，配备责任规划师前乡镇独自构成子群，配备责任规划师后通常会与责任规划师构成子群，如永宁镇、南口镇。在这种模式中，责任规划师改变了乡镇政府原先相对孤立无援的处境，成了乡镇的重要帮手和协作者，与乡镇一起提升自身在这个网络中的行动力。这一模式也存在个案差异，即并非所有先前独立构成子群的乡镇在配备责任规划师后都可能与责任规划师构成子群。例如，四海镇在配备责任规划师后，原先孤立无援的乡镇政府转而与开发主体构成了凝聚子群。

第二，配备责任规划师前与乡镇域内主体构成子群，配备责任规划师后都与责任规划师构成子群。例如，十三陵镇、北七家镇，在乡镇政府配备责任规划师前主要与村委会／居委会、村民／居民、村镇集体企业等主体构成凝聚子群，但配备责任规划师后都形成了"乡镇政府＋责任规划师"的子群形态。在这一模式中，尽管责任规划师的加入使乡镇政府与村居基层的联盟有所弱化，但责任规划师能够凭借自身的专业技术力量成为乡镇政府的得力合作者。

第三，配备责任规划师前与乡镇域外主体构成子群，配备责任规划师后也未与责任规划师构成子群。例如，小汤山镇政府在配备责任规划师前与其他区属部门、外来驻镇单位构成凝聚子群，配备责任规划师后仍与这两个主体构成子群，没有发生变化；沙河镇政府在配备责任规划师前与区属农业部门构成凝聚子群，而配备责任规划师后则独自构成子群。二者皆未与责任规划师构成显著的联盟关系。

总之，从这七个乡镇来看，配备责任规划师后"乡镇政府＋责任规划师"是最常见的凝聚子群形态，但并非所有乡镇都能在配备责任规划师后形成这种子群关系。总结发现，配备责任规划师前与乡镇域内各主体构成子群的乡镇政府最容易在配备责任规划师后与责任规划师构成紧密的凝聚子群，先前独自构成子群的乡镇次之，而先前与外部主体构成凝聚子群的乡镇政府则通常难以在配备责任规划师后与责任规划师构成子群关系。因此，如果想增强责任规划师与乡镇政府的协作程度，可在完善责任规划师有关规范制度的同时，强化乡镇政府与镇域内各主体（村委会／居委会、村民／居民、村镇集体企业等）之间的联系，从社会网络角度而言，这将有助于增加"乡镇政府＋责任规划师"凝聚子群的显著性。

（四）乡镇责任规划师个体网的分析与评估

通过上述整体网的分析，我们可以从宏观层次得到各城乡主体所构成的乡镇社会网络特征，接下来需从微观层次对乡镇责任规划师的网络位置进行更深入的分析，即进行个体网分析。个体网分析主要关注某个行为主体与其他个体之间的关系，致力于揭示个体在社会网络中的地位、影响力和角色。本文从个体的位置和角色这两个方面展开分析。

1. 个体的位置

（1）节点主体的中心性分析

中心性（centrality）是社交网络分析中常用的一个概念，用以表达社交网络中一个点或者一个人在整个网络中所在中心的程度。网络中一个节点的价值首先取决于这个节点在网络中所处的位置，位置越中心的节点，其价值也越大。从技术层面来讲，测定中心性有多重方法，包括点度中心性（degree centrality）、接近中心性（或紧密中心性，closeness centrality）、中间中心性（betweenness centrality）等。

首先，点度中心性标示网络中与节点直接相连的边的数目，该指标以简单直观的方式对网络中的权力指数进行了量化分析。

其次，接近中心性也称为紧密中心性，是测量节点之间距离即节点间捷径长度的指标，能直观显示网络中各节点间的接近程度。如果节点到网络中其他节点的最短距离都很小，那么它的接近中心性就很高，表明其在与其他节点交往的过程中能够较少依赖他人，即行为不受他人控制，具有高自由度。

最后，对于没有产生直接联系的节点，行为人对其进行控制和调整的过程也体现了某种中心性，放在社会网络分析方法的指标中来说就是中间中心性，表示一个网络中经过该节点的最短路径的数量。如果某一个点处在众多其他节点的最短距离上，则说明该点的中间中心性较高，在网络中占据着引导和决定知识流通的重要位置，起到沟通桥梁的作用。可见，此指标是在网络中控制信息交流或资源流动的指标。

首先，从此次调查的七个乡镇来看，乡镇政府在配备责任规划师前后的三种中心性指标都有很高的相似性。以四海镇为代表，乡镇政府在配备责任规划师后，其点度中心性和接近中心性都有所增加（四海镇分别从 88.89、90.00 增加到 100.00），表明责任规划师有助于提升乡镇政府在权力层面的居中地位，以及乡镇政府在社会网络中不依赖其他主体而自由行动的能力。然而，乡镇政府的中间中心性则在配备责任规划师后有所下降，（四海镇从 68.98 下降到 27.22），表明责任规划师在一定程度上分担了乡镇政府在规划建设方面信息与资源的网络传导效应。因此，责任规划师提升了乡镇政府在权力行使与自由行动方面的自主能力，但在信息与资源传递方面则与乡镇政府共享社会网络的中心地位，甚至在一定程度上替代乡镇政府在网络中的信息与资源传递效应。

其次，就区属规自部门而言，乡镇责任规划师制度对其影响网络中心性的影响与对乡镇政府的影响相似。以四海镇为例，在配备乡镇责任规划师后，区属规自部门在乡镇社会网络中的点度中心性从 33.33 提升至 40.00，接近中心性也从 60.00 提升至 62.50，即乡镇责任规划师有助于提升区属规自部门在权力控制与自主行动方面的中心性地位。而区属规自部门在四海镇社会网络中的中间中心性则在配备乡镇责任规划师后有所下降，不再独自承担信息与资源传递的中心性角色。但需要注意的是，中间中心性的变化情况并非所有乡镇均如四海镇一样。在此次调查的七个乡镇中，有五个乡镇网络中的区属规自部门中间中心性在实施乡镇责任规划师制度后保持不变。

表3-9　四海镇社会网络中各主体的中心性指标表

	点度中心性		接近中心性		中间中心性	
	配备责任规划师前	配备责任规划师后	配备责任规划师前	配备责任规划师后	配备责任规划师前	配备责任规划师后
区属规自部门	33.333	40.000	60.000	62.500	9.722	0.000
区属农业部门	33.333	40.000	56.250	62.500	0.000	0.000
其他区属部门	11.111	20.000	50.000	55.556	0.000	0.000
开发主体	22.222	40.000	40.909	62.500	0.000	0.000
规划设计单位	33.333	40.000	60.000	62.500	9.722	0.000
乡镇政府	88.889	100.000	90.000	100.000	68.981	27.222
村/居委会	55.556	60.000	64.286	71.429	5.093	1.667
村镇集体企业	33.333	40.000	56.250	62.500	0.000	0.000
村民/居民	44.444	60.000	60.000	71.429	0.926	1.667
外来驻镇单位	22.222	40.000	52.941	62.500	0.000	0.000
责任规划师	—	100.000	—	100.000	—	27.222

最后，在村庄内部，乡镇责任规划师共同提升了村委会/居委会与村民/居民的点度中心性和接近中心性，这与区属规自部门、乡镇政府的变化相似，表明责任规划师制度在乡镇规划建设的自上而下各环节与主体中都产生了较强的增权效果。但村委会/居委会与村民/居民的中间中心性变化方向不同，在四海镇配备责任规划师后，村委会/居委会的中间中心性从 5.093 下降到 1.667，而村民/居民则从 0.926 上升到 1.667。这表明四海镇责任规划师一定程度上分担了村委会/居委会的信息与资源传导的中心性角色，但村民/居民在信息与资源传导方面的重要性略微上升。

（2）节点主体的结构洞分析

结构洞的测量是为了在网络中找到处于中间位置的节点，这些节点处于网络中的联络位置，控制着资源的流向。假如节点 A 和节点 B 产生了联系，B 和 C 产生了联系，而 A 和 C 却并无联系，我们称这节点 A 和 C 之间产生了结构洞。A 和 C 之间若是要产生联系必然要通过中间节点 B。

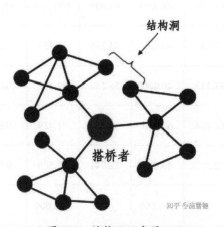

图 3-4 结构洞示意图

在 UCINET 软件中，我们可以计算出网络中各主体的结构洞效应指数，以此衡量某个节点主体在多大程度上处于结构洞的关键位置。通过对七个乡镇社会网络的计算得知，在乡镇社会网络中结构洞效应指数最高的主体为乡镇政府、责任规划师和村委会／居委会，因此我们重点对这三个主体展开前后变化分析，大致可以分为两种模式。

第一，乡镇责任规划师存在较强的结构洞效应，而且责任规划师的加入同时增强了乡镇政府和村委会／居委会的结构洞效应。以南口镇为例，在配备乡镇责任规划师前，乡镇政府和村委会／居委会的结构洞效应分别为 7.625 和 2.815，而在配备责任规划师后，这两个指标分别增长至 8.110 和 3.098，而乡镇责任规划师本身的结构洞指数也高达 7.058。这种模式下，乡镇责任规划师占据重要位置的同时，也增强了乡镇政府和村委会／居委会在整体网络中的地位价值。

第二，乡镇责任规划师有较强的结构洞效应，而责任规划师的加入，在增强乡镇政府结构洞效应的同时，却弱化了村委会／居委会的结构洞效应。以永宁镇为例，在配备乡镇责任规划师前，乡镇政府的结构洞效应指数为 7.356，村委会／居委会为 3.269；在配备责任规划师后，乡镇政府的结构洞效应增强到 7.829，略高于乡镇责任规划师的 7.078，而村委会／居委会则下降至 3.001。可见，责任规划师能显著提升乡镇政府在属地社会网络中不可或缺的重要性，但对村委会／居委会的影响则因乡镇而异。

表 3-10　南口镇和永宁镇社会网络中三个主体的结构洞效应指数表
（efficient size）

	南口镇		永宁镇	
	配备责任 规划师前	配备责任 规划师后	配备责任 规划师前	配备责任 规划师后
乡镇政府	7.625	8.110	7.356	7.829
村委会/居委会	2.815	3.098	3.269	3.001
责任规划师	–	7.058	–	7.078

2. 个体的角色：节点主体的中间人分析

伯特最早提出了"中间人"（broker）的概念，他将中间人定义为向一个位置发送资源，却从另外一个位置那里得到资源的行动者。后来，古德尔和费尔南德兹认为伯特的中间人定义存在问题，并对其进行了完善，将中间人界定为居于中间位置的人，不管他是否能得到回报。按所处子群的不同，中间人被分为协调人、顾问、守门人、代理人、联络人五种具体角色。

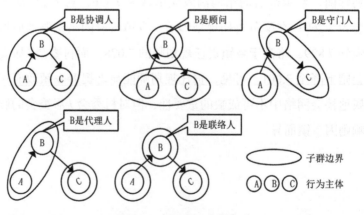

图 3-5　中间人五种角色图

第一，协调人：B为中间人，且A、B、C处于同一个群体之中，则B可称为协调人。特点是中心性较高，能够控制双方的来往，同时也会受到团体的规范约束；第二，顾问：B为中间人，且A、C处于同一个群体之中，B处于另一个群体，则称B为顾问，相当于一个"外人"。特点是不受该团体规范约束，行动自由度相对较高；第三，守门人：B为中间人，且B、C处于同一群体之中，A处于另一个群体，是关系发起人，则称B为守门人。特点是可操控该团体的对外信息，并控制外界信息的传入；第四，代理人：B为中间人，且A、B处于同一群体之中，C处于另一个群体，则称B为代理人。特点是可控制对外协调的门槛，将团体的信息、意见等传输到外界；第五，联络人：B为中间人，且A、B、C分别处于不同的群体之中，则称B为联络人。特点是不受任何团体的规范约束，且操控两个团体的能力强于其他中间人。

表3-11　七个乡镇社会网络中各主体担任中间人角色的平均频次表
（配备责任规划师前）

	协调人	顾问	守门人	代理人	联络人
区属规自部门	1.43	0.57	0.14	0.14	0.86
区属农业部门	0	0	0	0	0
其他区属部门	0	0	0	0	0
规划设计单位	0	0	0	0	0
开发主体	0	0	0	0	0
外来驻镇单位	0	0	0	0	0
村民/居民	0	0	0	0	0
村镇集体企业	0	0	0	0	0
村委会/居委会	3.43	0.86	0.43	0.43	0
乡镇政府	0.29	7.15	6.29	6.29	24

表3-12 七个乡镇社会网络中各主体担任中间人角色的平均频次表（配备责任规划师后）

	协调人	顾问	守门人	代理人	联络人
区属规自部门	1.71	1	1	1	0.29
区属农业部门	0	0	0	0	0.29
其他区属部门	0	0	0	0	0
规划设计单位	0	0	0	0	0
开发主体	0	0	0	0	0
外来驻镇单位	0	0	0	0	0
村民/居民	0	0	0.29	0.29	0
村镇集体企业	0	0	0.14	0.14	0
村委会/居委会	1.71	0.57	1.71	1.71	0.29
乡镇政府	0.29	14	3.86	3.86	55.71
责任规划师	0	9.14	0.57	0.57	28

综合目前七个乡镇的问卷情况，在乡镇社会网络中，责任规划师扮演最多的角色是联络人（在每个乡镇网络中平均担任28次联络人角色），即在原本无联系的主体之间搭建起联系。其次是第三方顾问角色（平均担任9.14次），这也是责任规划师制度设计的应有之义。除此之外，责任规划师在乡镇工作也在一定程度上担任了守门人和代理人角色（在乡镇中平均各担任了0.57次），然而在七个乡镇中都没有担任协调者角色，这也许是今后工作需要加强的方面。

就乡镇政府而言，其在社会网络中也以联络人和顾问角色为主，但也担任较多的守门人和代理人角色，此外也扮演一定的协调人角色。值得注意的是，乡镇政府的角色在配备责任规划师前后是有所变化的。变化最突出的是乡镇政府的联络人角色有所增强（从平均担任24次增加到55.71次）。此外，乡镇政府的顾问角色也得到增强（从 7.15 次到 14 次）。然而，配备责任规划师弱化了乡镇政府原初的守门人和代理人角色（均从 6.29 次降到 3.86 次），这说明责任规划师在一定程度上提升了乡镇域内各主体对外部的开放性。

除了责任规划师与乡镇政府，担任了较多中间人角色的还有村委会 / 居委会。在配备责任规划师前，村委会 / 居委会主要扮演协调人角色（在每个乡镇网络中平均 3.43 次）；而在配备责任规划师后，村委会 / 居委会除了担任协调人角色，却也在更大程度上担任了守门人和代理人角色（但绝对频次不高）。

区属规自部门在乡镇社会网络中最突出的角色是协调人，并且配备乡镇责任规划师增强了区属规自部门的协调人角色（从 1.43 增长到 1.71），而区属规自部门的联络人角色则在配备责任规划师后有所下降（从 0.86 到 0.29），这主要是因为该角色任务下移到了乡镇责任规划师、乡镇政府等其他主体。

（五）小结

引导规划师下乡服务，已成为地方政府加强乡镇规划建设管理、深入实施乡村振兴战略的重要举措。乡镇责任规划师作为由区政府聘任，为属地乡镇的规划建设提供专业指导、技术咨询和公共意见征求的独立第三方人员，在城乡融合发展的背景下具有特殊的结构性位置。一方面，乡镇责任规划师承担着推动规划在乡村基层落实、延伸规划覆盖范围的角色，另一方面，乡镇责任规划师也是积极倾听乡镇基层民意、将公众建议吸纳至规划设计的重要中介。这种在不同主体之间的多重角色使社会网络分析特别适用于对乡镇责任规划师的研究。

通过建立乡镇社会网络，本研究以北京市七个乡镇为例分析了责任规划师制度目前在乡镇发挥的作用与面临的局限。从整体网的角度来看，乡镇责任规划师有助于提升乡镇社会网络的密度和凝聚力，因而有助于增强乡镇在日常工作中与城乡各主体之间的联系紧密程度，并推动乡镇规划建设工作中形成更加平等、均衡的协作网络形态。正如我们预想的，责任规划师在进入乡镇域后，也将规划设计单位和开发主体等单位带入了乡镇社会网络的核心区域中；然而分析发现，乡镇责任规划师却将村民/居民推向了边缘地位。这表明乡镇责任规划师通常是在乡镇层面展开工作，因此今后建议增强责任规划师与属地村民/居民的联系，提升村民个体在村镇规划建设中的参与程度。从整体网的凝聚子群结构来看，大部分乡镇政府能够形成与责任规划师之间的"联盟"关系，特别是乡镇政府先前与镇域内各主体已经有较强的联合关系时，这种"乡镇政府＋责任规划师"的联盟关系更容易形成。从个体网的角度来看，责任规划师帮助乡镇政府承担信息与资源传递的中心性地位的同时，还提升了乡镇政府在权力行使与自由行动方面的自主能力，也提升了乡镇政府的结构洞效应，即使乡镇政府在整体工作网络中的地位更加不可或缺。就网络中的角色而言，乡镇责任规划师扮演最多的是在原本无联系的主体之间搭建起联系的"联络人"角色，其次是第三方顾问角色。除了这两方面，建议今后应提升责任规划师在协作圈层中的"协调人"角色，以更好地服务于乡镇规划建设与乡村振兴。

三、北京乡镇责任规划师价值与定位判断

乡镇责任规划师具有"中间层规划师"和"复杂性社会人"的双重属性。从规划体系看，区别于乡村责任规划师的治理角色，乡镇责任规划师位于规划传导的中间层，发挥着规划执行传导的重要作用，应从规划编制、规划实施、规划监督、规划保障的乡镇国土空间规划体系中理解乡镇责任规划师发挥的具体作用。从社会关系看，乡镇责任规划师比街道责任规划师、乡村责任规划师接触的主体更多，需要协调解决的问题更复杂，应从社会网络角度理解乡镇责任规划师工作效果，进一步探讨乡镇责任规划师的角色定位。

因此，将国土空间规划体系与农村基层治理社会网络相结合，直观理解和明确了乡镇责任规划师是国土空间规划实现和农村基层治理的关键行动者。在规划编制体系中，乡镇责任规划师打通了各方主体对乡镇规划管控底线多、发展诉求多的堵点，通过规划诉求解读、问题沟通等方式，组织多轮共商共议，最终达成共识，帮助各方主体实现各自目标，这一体系中乡镇责任规划师的角色是"规划蓝图编绘者"。在规划实施体系中，乡镇责任规划师打通各方主体对规划实施易走样、实施推进困难等堵点，通过对整体实施统筹、项目过程把关、各方利益协调、政策技术指导等方式，保障规划实施，使各方利益得到保障，在这一体系中，乡镇责任规划师的角色是"乡村建设督导员"。在规划监督体系中，乡镇责任规划师打通各方对监管真空、监管力量薄弱等堵点，通过倾听各方意见、反馈问题、决策建议等方式进行规划监督，确保规划落实有序，决策

制定合理有效，各方意见得到解决，在这一体系中乡镇责任规划师的角色是"规划蓝图的护航员"。在规划保障体系中，乡镇责任规划师打通了制度不完善、政策不交圈、共治共享机制不成熟等堵点，通过进行规划科普与宣讲、整合资源力量、培育新乡贤、引导农村自治等方式，维护各方权益，保障规划蓝图的实现，在这一体系中，乡镇责任规划师的角色是"乡村振兴宣传员"。

整个过程中，乡镇责任规划师将规划体系与基层治理体系相融合，实现了规划师从空间专业技术人员到关键行动者的角色转变。乡镇责任规划师的进场不仅促进了各主体之间的稳定关系，还在规划运行过程中将规划"权力"传导形成为各方"权利"[1]，通过要素和权利的流动使各方利益共享、多元角色增权[2]。乡镇责任规划师催化国土空间规划体系闭环和空间管理闭环，在实现乡镇规划蓝图的同时，对农村基层治理起到权利重构的关键作用。

① 石晓东，徐勤政，曹祺文，李嫣，武廷海.规划治理的新内核："最初一公里"与"最后一公里"——以首都北京为例［J］.城市规划学刊，2023（4）：18—24.

② 唐燕，北京责任规划师制度：基层规划治理变革中的权力重构［J］.规划师，2021（6）：38—44.

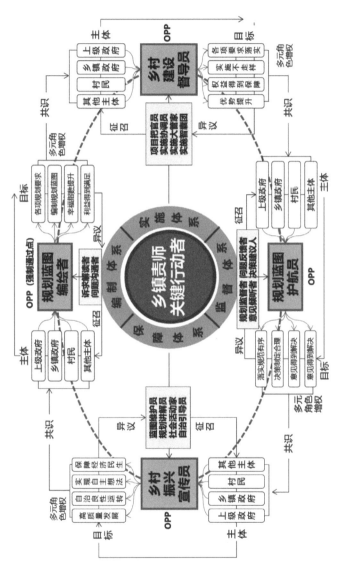

图 3-6　乡镇责任规划师在 "国空规划体系 + 农村基层治理" 中的角色定位图（作者绘）

第四章
体系研究篇

第四編

本草研究編

为响应国家实施乡村振兴战略的时代要求,保障乡镇国土空间规划实施的北京要求,并试图破解乡镇责任规划师工作难点,解决现行全市责任规划师制度作用不均衡的现实问题,本篇章在结合笔者十年多深耕乡镇的责任规划师工作经验和调研百人百例责任规划师工作实践的基础上,初步建立起北京乡镇责任规划师工作方法体系,具体包括明确乡镇责任规划师在"国空规划体系+农村基层治理"的复合工作定位、"区级—乡镇—乡村"三级组织框架、"核心+基本+特色"三类工作内容、"主体+层级+互动"工作运行系统、"平台+资金+人才"制度保障建议等五方面内容,为后续出台全市乡镇责任规划师相关工作指导意见和实施细则奠定基础。本部分从工作定位、组织框架、工作内容、运行系统、制度保障五方面具体设计,以提升北京责任规划师制度的适应性,凸显特色多元、活力有序的北京乡镇责任规划师整体工作成效。

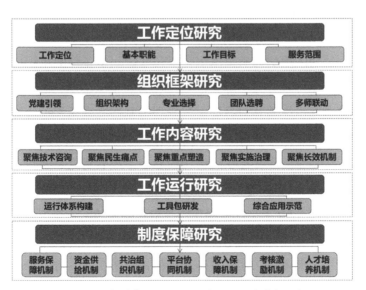

图 4-1　乡镇责任规划师工作体系图(作者绘)

一、组织框架研究

（一）党建引领

坚持党建引领，强化街乡镇党委属地领导责任，深化"双报到"工作，引导广大责任规划师深入基层、下沉社区做好持续规划服务，鼓励责任规划师党支部、党员与属地党支部结对共建。正如北京市规划和自然资源委员会平谷分局一名党员所言，"党委政府一定是第一责任人，我们始终跟责任规划师是共同战友"。近年来，各乡镇责任规划师工作中也相继探索形成一些责任规划师党支部、党员与属地支部共同推动乡村振兴的典型，如采取成立临时党支部，组织联合党建活动，以党建促业务、以业务强党建等方式具体开展工作。

鼓励区规划自然资源主管部门联合属地主体党组织成立责任规划师临时党支部，探索党建引领基层治理。落实"人民城市建设"就是对海淀责任规划师基层党建工作价值取向的明确要求。2020年9月，海淀分局成立"海师"临时党支部，传承党"支部建在连上"的思想，探索将支部建在"规划实施第一线"。至2023年底，海淀责任规划师团队共有党员16名，建立了一批基层党团组织，如紫竹院街道街区责任规划联合党支部、北京市团委青年创新工作站等，党的影响不断扩大和渗透，在点点滴滴中体现初心，在一言一行中凝聚民心。

责任规划师所在支部与属地政府支部、属地企业支部组织联合党建活动，在党建活动中重实践、明诉求、谋共识。2022年7月，延庆区区级责任规划师团队组织开展了以"党建引领，情系冬奥"为主题的联合党建活动，责任规划师支部和属地政府支部联合调研了延庆奥林匹克园区中的国家高山滑雪中心"雪飞燕"、国家雪车雪橇中心"雪游龙"、延庆冬奥村等场馆设施，就冬奥后场馆利用和如何带动当地发展进行了意见交流。2023年6月，市规划自然资源委平谷分局、区责任规划师团队、马坊镇政府联合开展"党建引领、朝耕暮耘，守粮食安全；脚踏实地、群策群力，助乡村振兴"责任规划师实践基地共建暨主题党日活动，共有150多名党员干部和群众参与耕地复耕复种，以实际行动落实耕地保护要求，守护首都人民的粮食安全①。

以党建促业务，以业务强党建。以延庆区责任规划师工作为例，在区级层面，区级总责任规划师在区委党校做规划培训，宣讲分区规划；在镇街层面，责任规划师团队参与花盆村村庄文化室方案提升工作，花盆村是革命时期平北解放斗争的战场之一，责任规划师团队引导设计方案中融入党建元素，规划具有红色文化基因的特色空间与景观，把党建元素具体落实到空间，对建筑屋顶、外墙、门窗等提出控制要求。

① 北京规划自然资源公众号：抓好农业空间建设，落实规划管控要求——平谷区建立责任规划师实践基地，身耕力行开展耕地空间复种。

图4-2　海淀全职责任规划师临时党支部成立图

图4-3　平谷区责任规划师实践基地共建暨主题党日活动的
签名墙设计图

（二）组织架构

全市目前朝阳、海淀、通州、昌平、顺义、平谷等9个区
建立了区级责任规划师工作专班体系，形成了区级领导小组和

涵盖多专业力量的工作统筹平台，推动相关部门、乡镇、公众及责任规划师团队的多方协同，总体上为"区级专班＋镇级责任规划师"两级架构。各区结合区情和乡镇需求开展了生动实践和制度探索，组织架构上在特色统筹、技术统筹、团队统筹方面有所创新。特色统筹方面，密云区从生态特色出发，提出"生态责任规划师"的概念，根据地区发展特征聘任新城片区、平原片区、山区片片区三大片区的生态责任规划师。技术统筹方面，如通州区建立的责任规划师与责任建筑师协同开展工作的"责任双师"体系。团队统筹方面，海淀区探索形成的"全职责任规划"制度，考虑到责任规划师工作的局限性，为每个街道配备 1 名全职责任规划师、1 支高校合伙人团队，综合指导全街镇规划工作。

围绕"区级专班＋镇级责任规划师"两级架构，平谷区构建了"1＋1＋N"的区级责任规划师工作机制，即一个区工作领导小组、一个责任规划师工作统筹平台、N 个责任规划师团队。区工作领导小组由区委、区政府主要领导担任组长、副组长，区规划自然资源分局及各有关部门为成员单位，负责责任规划师工作的顶层设计、决策统筹；工作领导小组设立办公室在区规划自然资源分局，负责统筹安排责任规划师工作，因地制宜，量身定制工作计划，搭建区级责任规划师工作统筹平台；各委办局及相关部门负责配合统筹平台的工作部署，加强专业技术对接，开展监督考核及其他相关工作。

表4-1 各区责任规划师组织架构情况汇总表

	昌平区	大兴区	房山区	顺义区	怀柔区
多点地区	成立镇街责任规划师工作领导小组，由区长任组长，分管规划建设和财政的副区长任副组长	1+N，即1个区级总责任规划师领衔+N名责任规划师团队协同，全面覆盖11个镇、6个街道，3个管委会	区政府主导，规自分局具体开展镇街责任规划师选聘和管理	成立顺义区街镇责任规划师工作专班，由主管规划副区长任组长	总责任规划师团队至少由6人组成，包含1名领衔责任规划师和若干规划、土地管理、市政交通、建筑、园林景观相关专业工程技术人员

	密云区	平谷区	门头沟区	延庆区	
生态涵养区	"1+3+N"，1为区级总责任规划师，3为新城、平原、山区三大责任片区，N为N个国土空间规划	1+1+N，即1个工作领导小组、1个责任规划师工作统筹平台和N个责任规划师团队	64名责任规划师共同组成"门师"对接服务9镇4街	"1+7"两级联动体系，即1个区级总责任规划师（团队）+7位街镇责任规划师（乡）责任规划师，镇级责任规划师可成立联盟	

	朝阳区	海淀区	丰台区	副中心	
副中心和中心城区	成立了由区委主要领导、区政府主要领导担任双组长的朝阳区责任规划师工作专班	1+1+N，即每个街道配备"1"名挂职的全职责任规划师助理、"1"支专职责任规划师团队和"N"支项目队伍	1+24+N，即1名总责任规划师领衔、24个单元责任规划师协同联动、N个社区规划志愿者	12+9+1，即"12"指副中心155平方公里内划分的12个组团，"9"指副中心拓展区的9个乡镇，"1"指1个责任建筑师团队库	

各区的组织构架是基于全市责任规划师制度的统一设计，设置了"区级＋乡镇"的二级架构，但还应充分考虑农村特征，借鉴浙江、成都等地的优秀经验，责任规划师工作应渗透到村一级行政单位，要服务至基层乡村，将自下而上的工作结合进来，本研究建议形成"区级＋乡镇＋乡村"三级责任规划师体系，各区政府按需配置、统筹整合。在区级层面，各区人民政府、开发区管委会可聘请区级总责任规划师，目前北京"多点一区"各区已有近半数配置了区级总师，为本区责任规划工作提供技术指导，为区人民政府提供决策咨询服务。在乡镇层面，由区级责任规划师专班组织乡镇政府聘任乡镇责任规划师，可设立乡镇责任规划师联盟进行技术统筹和交流，或按需直接合并多个乡镇为一个片区选聘片区责任规划师。如延庆区结合生态涵养区特点，7位街镇乡责任规划师组成街镇责任规划师联盟和乡镇责任规划师联盟；怀柔区设立怀柔新城片区责任规划师片长、平原浅山镇片区责任规划师片长、深山镇片区责任规划师片长，由片长召集片区内乡镇责任规划师交流互动。在乡村层面，可由乡镇政府按需配置乡村责任规划师，乡村责任规划师以社会感召为主，作为乡镇责任规划师组织层级之一，但不作为管理对象。乡镇责任规划师协助乡镇政府负责对乡村责任规划师进行培训，如昌平区十三陵镇责任规划师联合多家高校、科研院所、规划设计院的优秀设计团队，形成十三陵镇"1+11"镇统筹责任规划师工作体系，乡镇责任规划师负责技术统筹工作，配合镇政府全面把控规划工作，包括把握各片区的规划目标和思路、技术要点和难点、工作进度和成果，11个乡村责任规划师对负责村庄进行发展策划、项目规划和实施跟踪。

发挥区级总师主观能动性。 鼓励区级总师结合区内情况，发布总体工作计划。比如 2021 年，是延庆区全面服务保障冬奥的关键一年，责任规划师深化、细化落实《延庆区责任规划师（团队）工作方案（试行）》，以"全力以赴"做好冬奥会筹办服务保障工作为根本，围绕重点项目、技术服务、落地实施三个层面展开工作，并制订"两库两图、三手册、一制度、一平台"责任规划师年度工作方案。

图 4-4　2021 年《延庆责任规划师（团队）工作方案（试行）》
主要内容图

　　镇级责任规划师统筹乡村责任规划师，协助镇政府对乡村责任规划师的管理和培训。昌平区十三陵镇的责任规划师团队联合多家高校、科研院所、规划设计院组成优秀设计团队，形成十三陵镇"1+11"创新型责任规划师工作体系。1 为全镇域层面总责任规划师团队，11 为片区层多家团队。依据村庄特色划分不同类型，将十三陵镇 11 片区分为山区沟域村、陵村、水库周边村、城镇化村四类，分片区发展。为每个片区配备相应的责任规划师团队，设置符合片区特色的重点方向和谋划策略。在镇域层面主要负责技术统筹工作，配合镇政府全面把控规划工作，包括把握各片区的规划内容和重点、技术要点和难点、工作进度和成果。在片区层面，指导各片区责任规划师从发展策划、项目规划、跟踪调查三个方面开展工作。要求各片区责任规划师，在发展策划上全面落实上位规划要求，基于本片区发展特色，结合美丽乡村建设需求，形成片区概念性规划设计方案；项目规划上对接片区内项目要求，按需开展项目层面的规划综合实施方案；规划跟踪上，长期跟踪该片区规划发展需求，搭建政府与企业、村民之间的沟通桥梁。

（三）专业选择

《实施办法》中提出责任规划师应具备规划或建筑等相关专业职称，据此责任规划师团队的常规专业配置为城市规划和建筑设计专业，部分团队中还包括交通规划、市政规划和园林景观专业的技术人员。然而乡镇工作具有复杂性、多元化、深层次的建设与治理特征，常规责任规划师团队的专业配置难以应对乡镇中的复杂问题，迫切需要拓展业务能力、补充多专业支撑，需要责任规划师团队建立对于乡村治理、社会人文、土地经济、历史保护、生态治理、开发咨询、产业运营等多学科的全面理解。这对乡镇责任规划师的工作素质要求很高，但实际上，乡镇责任规划师不必是多领域的通才，而应掌握跨领域对话和挖掘在地资源的能力，团结当地人大代表、技术工作者、专家、媒体、居民等社会各界力量，开展共商共治。

（四）团队选配

全市承担乡镇责任规划师工作的团队主要分为企业设计院、事业单位设计院、高校团队和个人四种。企业设计院服务的乡镇数量最多，将远郊区乡镇整合，集中连片地开展工作。事业单位设计院服务的主要为规划编制任务较重、城乡发展诉求较多的乡镇，尤其是未来科学城、怀柔科学城等重点功能区。高校团队的服务乡镇数量不多，个人责任规划师集中在海淀区。实际上，不同类型责任规划师团队在知识体系（土地/生态/产业/政策等）、资源渠道（团队/项目/资金等）、工作投入（时间/人力/影响力）等方面具有各自的优势，需结合乡镇规划需求选择适宜的工作团队。原则上以熟悉了解属地、常年深耕属地的团队为主。如某乡镇正在编制镇域国土空间规划，在综合评估该团队的工作技术能力、跟踪服务情况、跟属地各方联系的紧密程度等基础上，建议优先选择国土空间规划编制团队，这样考虑在于：一是该地区近期规划领域的重点任务就在于推进国土空间规划的编审，在考虑到节约财政经费的基础上，编制单位是最为合适的人选，可在编制团队内部分选出责任规划师，降低各方工作成本，缓解政府财政压力。二是市规自委已建立起较为完善的第三方审查机制，包括各级预审会、联审会、第三方技术审查、专家审查会等，审查过程中分选出的责任规划师可以提供较为细致的现状需求和意见反馈。三是一般国土空间规划的编审均为深耕属地多年的技术团队，在开展本轮国土空间规划编制工作之前就深入了解了属地的发展变化和需求，实际工作时上手比较快。四是国土空间规划编审团队掌握规划编制所需的地形图、影像图、地理国情普查数据、第三次国土空间调查数据等，这些基础数据目前未全部对责任规划师开放，同为一个团队可节省工作成本，大大提升工作效率。再如，还可以发挥高校团队作为乡镇责任规划师的资源优势，以产学融合为抓手，聘用高校责任规划师团队为乡镇地区。高校团队具有多学科、多专业、多师生的特点，与乡镇地区的特征需求相吻合，同时乡镇责任规划师工作也有效支撑了教学、科研工作的开展。

北建大高校责任规划师团队在通州永乐店镇构建了责任规划师助力产学研转化的正反馈系统：开展扎实的摸底调研、现状评估、规划咨询等责任规划师工作，在服务乡镇中建立教学实践基地，锻炼青年教师实操能力，在实践中产出高校学生论文和形成校方关键技术成果，再将先进技术成果回馈给乡镇。这一系统能有效地促进校镇协同发展，推动高校资源与乡镇需求的有效对接。

（五）多师联动

除由规自委牵头的责任规划师，北京其他委办局也组织开展了相关技术人员下乡服务工作，如 2021 年农业农村局、规自委、财政局联合开展的"百师进百村"工作，"百师"为产业策划师、工程师、规划师或团队，"一对一"对示范村进行问诊把脉。2023 年园林绿化局与北京林业大学联合发起，为 100 个绿隔地区公园配备 100 名风景园林师，探索公园共治共享机制、产学研一体的工作新模式。实际上，以责任规划师为启发，将有越来越多的责任建筑师、责任工程师、乡村治理师、农业规划师、责任园艺师、责任经济师、责任评估师扎根乡村。为更好地统筹"多师"工作，建议由区政府建立专家智库，各委办局负责人才管理和资格选拔，以项目为单位，乡镇政府吹哨，按需集结"多师"团队，整合技术力量，联动开展工作。

比如，通州区率先建立了"12+9+1"的责任双师制度，"1"即为乡镇责任建筑师团队。在副中心重点建设项目实施过程中，责任建筑师参与设计方案的评审，落实副中心控规及相关城市设计导则的要求，对建设项目设计方案的建筑风貌、公共空间、交通组织、市政基础设施安排等内容提出意见建议。门头沟雁翅镇责任规划师在谋划全域工作的基础上，结合"百师进百村"工作契机，以小切口项目介入，解决村民最急难愁盼的问题，深度参与到乡村振兴中。"百师"赋予"责任规划师"更多的可能性，将乡村振兴愿景落实到广阔田野间，"责任规划师"赋予"百师"政策与资源整合的能力，集中发力，助力村庄发展。

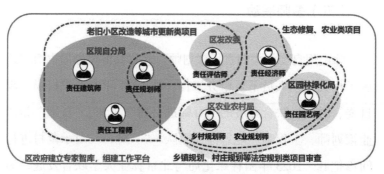

图4-5　项目引领下的"多师联动"机制示意图（作者绘）

二、工作内容研究

乡镇地区与核心区、中心城区，在资源禀赋、发展阶段、面临问题等方面均存在不同，各乡镇责任规划师团队结合服务乡镇特色和实际需求制定工作内容。本着分级分类制定、解决痛点难点、工作做实做细的原则，按照"核心＋基本＋自选"方式，与属地政府协商具体工作。核心工作为技术咨询，包括调研摸底、规划评估、上传下达、总结宣传等全市《指南》要求的基础工作和跟踪实施、协同治理两项规定工作，自选工作可根据服务乡镇需求，与乡镇政府在责师工作之外另行约定如宣贯宣传、选址论证、专题研究等工作。乡镇地区的差异性、多元性要求乡镇责师的工作内容要创新，更要聚焦。本文提出应聚焦技术咨询、聚焦民生痛点、聚焦重点塑造、聚焦实施治理、聚焦长效机制等五方面工作。

《工作指南》中的五项工作：

调研摸底：深入责任片区开展实地调研，逐步摸清片区的基本情况，积极配合其他规划设计团队，共同为片区的规划建设工作研提意见建议。

上传下达：以线上线下方式向基层部门和社区居民宣传、解读规划成果和相关政策，征集公众意见和诉求，及时向主管部门反馈。

技术咨询：参与责任片区内建设项目的规划、设计、实施方案的审查，依据上位规划原则、设计规范标准等从专业角度研提意见建议。

规划评估：结合日常调研对责任片区的规划实施、项目建设等情况进行评估，按年度做出小结，向主管部门进行反馈。

总结宣传：定期总结工作成效与亮点，形成信息报送行业主管部门及相应的宣传平台，向公众传播规划创新理念与工作模式，为共建共治共享格局的建立做出贡献。

（一）聚焦技术咨询

规划技术咨询是乡镇责任规划师最核心的工作，通过对责任规划师发放问卷调查显示，92%的责任规划师认为乡镇工作中发挥作用最大的是技术咨询。技术咨询要求责任规划师定期与属地联系，开展盘好底账、技术审查、规划解读三部分工作。

盘好底账方面，一是持续开展乡镇"全域全类型"画像工作，深入属地情况和百姓诉求。除了全面掌握乡镇人口、产业发展、土地用途和权属、基础设施，更应关注乡镇特色资源，如延庆镇"妫画师"在一个完整的持续性四季调研后，画出了生态涵养区"全域全类型"的自然资源画像，侧重地区农业特色挖掘，把握乡镇发展特征。二是根据现状调查情况，针对重点问题，形成乡镇规划实施情况评估意见。鼓励开展特色主题调研评估，可围绕乡村振兴、生态保育、文化保护、产业发展等方面开展专题调研。可结合 12345 接诉即办，助力乡镇解决规划问题。

技术审查方面，重点包括国土空间规划及其他各类规划的过程建议和规划审查意见。近年来，随着乡村建设项目增多，相关项目审核环节均有责任规划师参与，如十三陵镇责任规划师在 2023 年上半年的 71 项工作中，技术资讯类工作占 63%，包括项目选址咨询 18 项、城市更新项目咨询 4 项、其他技术咨询 23 项。针对调研反映的责任规划师参与咨询审查的方式方法有待明确、审查意见有待规范、意见实际效力有待加强等问题，建议完善《实施办法》细则，明确责任规划师技术咨询的职责划分、工作流程、工作内容，赋予责任规划师参与权、建议权，能够独立出具书面意见，同时也要避免责任规划师成为决策者的"项目平台"，坚守公益底线，权责利匹配，提升治理水平。

规划宣传方面，开展规划宣贯，以专家讲授或研讨会等方式进行规划解读，向基层领导、村民普及规划知识，从"国家乡村振兴战略要点""什么是国土空间规划"到"读懂村庄规划""搞清建设手续"，全面普及规划知识，提高全民规划认识。开展工作报送，配合区级专班做好年度总结和特色宣传。开展考察学习，协助区级专班提出考察重点和学习案例，制订考察计划。

图 4-6　延庆区责任规划师"妈画画像"手册

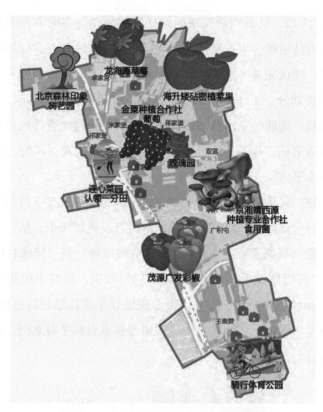

图 4-7　延庆镇责任规划师自然资源画像

图 4-8　十三陵镇责任规划师规划宣讲（作者拍摄）

（二）聚焦民生痛点

急民之所急，应民之所忧，为民纾困，是责任规划师"责任"二字的深刻阐释。聚焦民生痛点是乡镇责任规划师在优化国土空间格局与助力乡村振兴之间搭建"桥梁"的具体着力点。坚持问题导向，深入挖掘反馈和助力解决最集中的民生痛点和治理堵点，为政府决策提供参考，是乡镇责任规划师最关键的工作内容。乡镇地区民生痛点主要表现在"补短板、促发展、保底线"三方面，尤其是做好突发状况下的应急保障。

"补短板"方面，乡镇责任规划师应聚焦补充高质量公共服务设施和基础设施来满足北京乡镇地区人民对美好生活的向往。北京乡镇地区承担了核心区、中心城区人口疏解的重任，尤其在城乡接合部地区，对基础设施的增配需求、公服设施的提升需求不断增加，乡镇责任规划师应对各类设施的选址、需求情况、建设方案、审批流程等做技术咨询。如延庆区责任规划师落实推进基层公共文化服务工作要求，编制《村庄文化室方案集》，对全区拟建设的 32 个村庄文化室，提出具有地域特色的方案设计指引，全程跟进规划、审批、建设工作，推动多个村庄文化室通过审批流程进入施工阶段。

"促发展"方面，乡镇责任规划师应聚焦壮大集体经济以实现助力北京乡村振兴的目标。乡镇责任规划师可以帮助属地了解最新产业政策、摸清本地产业现状、分析借鉴优秀经验、梳理建设手续办理流程、谋划集体经济运营方式等，工作内容上应关注点状供地、拆后利用、平急两用等最新要求。浅山区和山区乡镇责任规划师应积极探索"两山理论"的转化路径，坚守生态保护底线，加强点状配套设施用地管理与引导，以点状的建设空间带动广袤的非建设空间发展，平衡好保护与发展之间的关系，如十三陵镇责任规划师协助乡镇谋划审查"百亩田十亩园一亩地"方案，赋能镇域产业发展。平原区乡镇责任规划师应落实"村地区管"要求，积极探索集体产业用地减量提质再利用的方式，如北七家镇责任规划师坚持"规划引领、底线控制、以用促管"导向，对全镇19村的集体产业用地情况进行全面摸底，对集体产业用地的规划、利用、审批、实施、收益分配等问题进行深入分析，形成专题调研报告。特别是北京一绿二绿地区的乡镇责任规划师应助力落实全市创建"基本无违法建设区"三年行动计划，实时跟进拆违进度，积极探索拆除腾退后空间的利用方式，提出分类治理意见，除复绿、复蓝、复耕，还可通过持续治理方式为人民所用，对经营状况较好且符合北京发展要求的产业类项目，通过补办手续的方式让其成为集体资产的一部分，如北七家镇责任规划师对违法手续补办全过程跟踪，确保合法合规。

"保底线"方面，乡镇责任规划师应聚焦生态保护与修复，为积极应对突发状况和自然灾害贡献技术力量。近年来，我国极端天气灾害频发，由暴雨引发的山洪、泥石流等地质灾害是对北京地区影响较大的灾害类型，特别是西部山区受灾严重。"'23·7'特大暴雨"中乡镇责任规划师快速响应、积极参与灾后重建工作，体现了责任感与专业性。灾情发生后，市规自委统一部署，市级责任规划师工作专班第一时间发布《助力灾后工作，重建韧性家园——北京市规划和自然资源委员会责任规划师工作专班致相关规自分局及责任规划师的倡议书》，房山区、门头沟区、昌平区三区责任规划师主动参与灾情调查、严格把关重建规划、主动开展防灾宣传、加强工作信息报送，助推灾后工作高质量开展。尤其建立了"责任双

北京乡镇地区责任规划师工作方法体系研究

100

师"机制，将责任规划师、建筑设计团队与受灾乡镇建立一对一匹配关系，设立"移动工作点"，采用卫星数据比对、无人机航拍及地理信息系统分析等多种手段，为每个受灾乡镇提供设计力量保障。在韧性城市建设中，乡镇责任规划师创新探索"平急两用"新型农村社区建设。如平谷区南独乐河镇责任规划师挖掘乡镇特色，盘活农村闲置院落，深度参与前期选址策划和方案设计审查，让闲置资源平时为京郊旅游服务，及时为首都安全稳定提供保障。

（三）聚焦地方特色

乡镇地区各类管控要素较多，可利用资源有限，城乡发展受到限制。乡镇责任规划师的工作更要抓主要矛盾和关键问题，通过以点带面的方式去撬动未来乡村振兴的资源要素，要充分利用好各方面的政策、资金，促进乡镇地区整体发展。笔者在实际调研过程中发现，三分之一的乡镇责任规划师，尤其是远郊山区责任规划师，能够主动挖掘地方价值与特色，进行定制化的重点塑造，帮助当地政府走出一条特色化的北京乡村振兴之路。

作为文化导向的责任规划师，应聚焦地方文化特色的挖掘和展示利用，努力实现文化保护与地方发展并行。北京总规中提出的市域保护格局中三大文化带（长城文化带、西山永定河文化带、大运河文化带），串联起市域大部分名镇名村、传统村落、地下文物埋藏区、农业文化遗产等历史资源，也覆盖了近四分之一的乡镇。《北京历史文化保护传承体系规划（征求意见稿）》中提出"历史文化保护传承全面融入全域城乡建设，促进社会的可持续发展"。作为乡镇责任规划师，一是要在保护中谋求发展，完善乡镇功能，提升活力，如怀柔区长哨营满族乡责任规划师结合地区实际，谋划健康主题发展思路，以二十四节气对应各村庄，各村代言并传承一项节气传统非遗文化，设计整体思路。撬动由中央统战部指导的"中国健康好乡村"京北长哨营大型健康生态产业项目，种植中药材，请三甲医院医生下乡问诊，建设二十四节气文化广场，由此带动地区产业发展，为当地村民增收。二是要在发展中优先保护，加强镇村设计引导，充分展示人文内涵，彰显地域风貌特色。如针对潭柘寺镇镇中心区建设密度过大、特色缺失的问题，潭柘寺镇责任规划师提出应突出"山—林—寺—镇"相融的特点，塑造"城在山中、寺城相依"的浅山特色小镇风貌。引导国土空间规划方案运用"顺势、通绿、保村"等策略，构筑山势对景和景观视廊，构建文化探访路，修复利用老建筑，加强潭柘文化的保护传承与展示利用，稳慎引导浅山区特色小镇建设。

作为生态绿色导向的责任规划师，应聚焦挖掘地方生态特色和实现生态价值，努力实现生态保护与地方发展并行。北京生态涵养区生态资源丰富、自然景观优美宜人，但为了生态保护而使发展受到限制，如密云区山区大部分位于水库水源保护区，开发限制非常严格，可利用的用地指标有限，密云责任规划师立足规划引领高质量发展的工作要求，在全市层面首推"生态责任规划师"概念，工作重点在于生态产品价值的实现。密云责任规划师团队以观鸟为切入点，设计观鸟路线，策划观鸟小镇，协助打造观鸟经济；开展"密云生态沙龙"，寻求生态价值下的观鸟经济发展模式；同时，结合北京市民盟重点调研课题"完善生态产品价值实现机制，促进北京生态涵养区共同富裕"撰写调研报告，多渠道建言献策。

作为农业发展导向的责任规划师，应聚焦耕地保护和地方农业价值的实现。乡镇责任规划师多擅长在图面上划定耕地保护空间，核查耕地占用和补划情况，但亲身参与"三农"工作中，尤其是农业生产中的很少。乡镇责任规划师要了解农作物的生长、收获、包装、销售全过程，才能深刻理解农村。如平谷区区级责任规划师身耕力行，与马坊镇政府联合开展责任规划师实践基地共建暨主题党日活动，共有150多名党员干部和群众参与耕地复耕复种，以实际行动，落实耕地保护要求，守护北京人民的粮食安全。再如延庆区延庆镇责任规划师团队"妩画师"，构建"责无旁贷"公众号平台，宣传乡村农产品，如龙海园草莓、金粟有机葡萄等，提高农产品的附加值，带动旅游产业的发展。

图 4-9　特色景观中草药实景（作者拍摄）

图 4-10　中草药文化博物馆（作者拍摄）

图 4-11 "责无旁贷"公众号宣传农产品

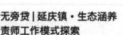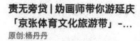

图 4-12 "责无旁贷"公众号平台

（四）聚焦创新治理

国土空间规划编制完成后，规划实施、规划监督、规划保障成为下一阶段的重点。由于乡镇和村的要素比城市更加多元，生产、生活、生态空间俱全，在进入规划实施阶段，应聚焦三生空间融合上，包括营造特色乡镇风貌、改善人居环境、建设生态环境、提升集体产业等方面。这时应发挥好乡镇责任规划师作为规划和自然资源主管部门"第三支队伍"[①]的补充作用，通过引入大数据、公共艺术、参与式设计等多元方式，深入乡村内部，引导乡村自治，才能把乡镇规划的"一张蓝图"做实做细，做到人民心中。

大数据助力乡镇责任规划师实施治理。责任规划师利用大数据，一方面可描绘属地画像，搭建信息平台，精准研判城乡问题，另一方面对规划实施进行体检评估。智能治理尤其适用于城乡接合部地区的责任规划师工作中，包括对电动车、共享单车的管理，对流动人口的监测，对城乡接合部安全防范，等等。

朝阳区责任规划师团队利用大数据管理街区。一是利用大数据进行共享单车管理，建设共享单车监测功能模块，对社区空间共享单车停放情况的实时感知，包括各运营商单车数量、异常报警空间分布、数量变化趋势、运营商调度情况等内容的监测，结合移动端工具，与单车运营管理团队开展治理调度工作；二是利用大数据进行人口管理，在人口数据管理上，责任

---

① 北京市规划与自然资源主管委张维主任在 2022 年全市责任规划师年终总结大会上对北京市责任规划师的工作定位，责任规划师是继公务员、事业单位人员之后的规划和自然资源主管部门"第三支队伍"。

规划师团队提供了人口数据的导入、修改、更新、查询和查看等功能，实现了对人口数据的动态化管理。这使得人口信息可以及时准确地进行录入和更新，并方便进行查询和查看，提高了人口数据管理的效率和准确性。在基层服务支撑上，通过设置和录入人口标签，责任规划师团队能够更好地针对不同人群进行基层治理和服务保障，例如助老助残等服务。这种多元化的基层服务支撑系统能够提高基层工作的效率，并且能够更好地满足不同人群的需求。通过精准的人口标签和个性化的服务，基层工作能够更加精细化和有针对性，提升了基层治理和服务的质量[1]。

社会资本参与助力乡镇责任规划师实施治理。责任规划师引入社会资本，通过自身影响力和资源平台，推进参与式设计、赋能民宿经营者、开发文创产品，策划整体产业运营方式。

怀柔区琉璃庙镇责任规划师推进参与式设计的共生实践。责任规划师以八宝堂村为实践原点，进行民宿与村庄共生的在地实践：从社会资本的重投资，到责任规划师村民共担共享的点状轻资产推进，再到村民出资、责任规划师设计的广泛参与模式，最终实现由点及面、全面开花、共同富裕的目的。实施民宿共生实践三步走策略：第一步建立"又见炊烟"示范建立项目。租赁村民院落，由企业承担运营风险，村民获得固定租金；第二步多点开花，建设"棒棒糖""棉花堂"项目。租赁村民院落，由责任规划师团队进行改造设计，村民获得三年固定租金，责任规划师团队与又见炊烟运营团队联合运营，此后

---

[1] 资料来源：《和美乡村愿景下的乡村空间规划与治理学术会议（第四届）暨 2023 年北京市责任规划师培训》中《乡镇责任规划师工作方法与制度构建的创新探索》分论坛，城市象限科技有限公司咨询一部韩亚楠部长的报告。

风险共担，收益共享。第三步全面推广"小宿家"等项目。由村民出资，责任规划师团队进行设计改造及村民服务水平培训，村民自负盈亏，共享规模效益、信息及服务设施[①]。

公共艺术助力乡镇责任规划师实施治理。以公共艺术的方式促进我国农村的文化复兴，早在百年前就有之，如中国话剧拓荒者和奠基人之一熊佛西先生到河北定县实验农村戏剧大众化，时至今日，百年迭代，仍有碧山计划、徽文化大地艺术季、乌镇戏剧节等诸多回归乡村、建设乡村的方式。乡镇责任规划师可通过艺术乡建的方式，让传统艺术打破原来的虚拟概念，继承和创新应用于更广阔的乡村大地。调研发现，乡镇党建文化中心、村庄文化活动室等公共文化空间大部分时间都是闲置的，乡镇责任规划师可发掘属地公共空间、闲置空间、边角空间等成为演艺性空间、美术新空间，让艺术介入当地人居环境建设；可挖掘属地文化内涵和旅游特色，将艺术与文旅结合，通过艺术解析、重构、演绎等方式，推动空间的活化和人的主体性的提升。

北京舞蹈学院通过艺术赋能乡镇的实践。从最初的"舞台剧"到"艺术乡建平台"，再到"乡村就是剧场"，艺术逐渐介入乡村。2019年责任规划师在海淀用舞蹈影像的方式来表述对海淀地区城市化过程的一些感知；2021年策划艺术乡建平台，组织学者探讨乡村振兴背景下公共文化服务创新、文化产业的介入和新乡贤返乡创业的可能性；2023年创作剧本，以"剧本杀"的方式把一个乡村改造成一座剧场，产生新的艺术

---

① 资料来源：《和美乡村愿景下的乡村空间规划与治理学术会议（第四届）暨2023年北京市责任规划师培训》中《乡镇责任规划师工作方法与制度构建的创新探索》分论坛，九源（北京）国际建筑顾问有限公司原艺高级规划师的报告。

方式，让农民和自己的土地产生深度的黏合①。

（五）聚焦长效引导

建设责任规划师实践基地，持续赋能乡镇。如平谷区责任规划师工作统筹平台出资、乡镇政府监督管理，成立了"乡村振兴共建基金"，与属地政府搭建起"责任规划师团队实践共建基地"，作为责任规划师实践创新服务农村建设、共护耕地保护红线和非建设空间管控的重要抓手。

主动谋划重点工作清单，形成区镇项目库，持续系统引导项目落地。责任规划师谋划与推进重大项目、重点工作，发挥责任规划师组织合力，有力保障规划成果高质量完成。近年来，责任规划师在中心城区参与了"京张铁路遗址公园""清河行动""点靓凉水河""丰台站地区城市更新"等市区重点项目，为政府决策提供扎实支撑；在多点地区参与镇域国土空间规划阶段审查、促进各片区街区控规编制衔接、美丽乡村规划审查评估，引导民俗村建筑风貌工作，积极参与到二绿实施、无违建创建、城中村治理等工作中。如在耕地保护工作中，平谷区责任规划师团队开展"责师田"建设活动；在"创无"工作中，昌平区充分调动责任规划师力量，三上三下校核数据，保障工作顺利推进；在生态涵养区，责任规划师立足生态视角和乡村建设工作，开展"阳光浴室""点状供地""生态责任规划师""村庄风貌图集"等尝试，推行传统村落风貌管控指导工作，为绿色发展提供指引。

---

① 资料来源：《和美乡村愿景下的乡村空间规划与治理学术会议（第四届）暨 2023 年北京市责任规划师培训》中《乡镇责任规划师工作方法与制度构建的创新探索》分论坛，北京舞蹈学院人文学院张朝霞教授的报告。

三、机制保障研究

为促进责任规划师制度的长效运行，更好地服务基层属地发展，各区总结经验，探索建立了一系列责任规划师工作配套机制，创新工作运行机制、创新平台支撑机制、创新人才保障配置，促进责任规划师制度可持续发展。

（一）创新工作运行机制

1. 建立灵活精准的服务保障机制

责任规划师配置数量和服务质量在不同单元之间存在明显差异，不均衡配置现象突出，为保证乡镇规划工作的有效传导与落实，应对一个制度运行初始阶段存在的适配性的问题，应考虑建立灵活适配的服务保障机制。

一是应灵活配置、精准服务。跨单元（比如跨区、跨街乡、跨片区或跨村庄）建立"规划热线"或"流动的规划服务站"等机制；责任规划师"按需分配"机制，采用规划师巡访的方式定期开展问诊。

二是应提升服务、鼓励自治。注重外部赋能，通过培训引导居民参与乡镇治理，激发内生动力；社区"导师"应探索有效的方式培育在地社会力量参与长效管理，建立长期可持续的社区自治机制。

三是应区级统筹、资源共享。区级层面加强统筹，明确工作目标、任务等，激发乡镇责任规划师活力；按工作特点形成"生态责任规划师""农业责任规划师""产业责任规划师"等,促进资源共享。

2. 建立多渠道的资金供给机制

北京目前的乡镇基层组织的建设和运营经费全部来源于政府下拨,责任规划师团队的薪酬由各乡镇负责拨付。一方面,由于各区经济发展水平有差异,各区责任规划师之间的薪酬水平也差异较大,甚至出现薪酬拨付不可持续性的情况。另一方面,部分责任规划师参与的如老旧小区改造、小微空间整治等建设项目,虽有社会资本投资,但往往难以达成投资收益平衡,市场力量对于赞助基层组织运营的意识更为薄弱。这既不利于政府减轻财政负担,也不利于企业社会责任感和居民乡镇认同感的培养。建议多渠道的资金供给机制,如建立乡镇运维资金池,鼓励企业和个人向所在乡镇长期固定捐款,促成合作共赢、共建共享的乡镇治理格局。

新加坡为鼓励社会资本长期、可持续地资助基层组织,专门制订了"经费配搭计划(Share As One,SAO)",如果是一次性捐款,政府按社会资本捐款额度1:1的比例配套捐赠;如果是长期固定捐款,政府按1:3的比例配套捐赠,且允许企业使用最高不超过50%的配套捐赠款(每年上限为1万元新币)举办社区志愿者活动,以提升企业的社会形象。截至2023年,该计划已收获2000多家公司和25余万名个人捐助者的捐款。

（二）创新平台支撑机制

1. 建立多元化的共治组织机制

乡村社会权威由组织体系和象征规范构成[①]。自古以来，乡村治理就通过管事（乡绅、乡贤）作为中央政府与地方的缓冲，用以维护乡村社会的相对稳定。乡贤不仅是乡村社会道德与秩序的维护者，也是乡村社会的利益代言者。

传统乡贤始于东汉，一般指乡村中有贤德、有文化、有威望的贤达人士。明代汪循曾言："古之生于斯之有功德于民者也，是之谓乡贤。"新乡贤指具备品行好、有能力、有影响、有声望、大家熟知的社会各界贤达，包括社会各界能人，如人大代表、政协委员、乡村老干部、新农人、有情怀的大学生等。新乡贤既包括政治精英（外来乡贤），也包括民间精英（本地乡贤）。

现代乡村治理必须把乡村建设中的政治精英（外来乡贤）和民间精英（本地乡贤）结合起来，通过基层政府与其他社会自治组织的合作建立整合平台，以精英互嵌的方式达到组织协调。通过乡镇责任规划师这一"外来乡贤"启发带动"本地乡贤"，培育"新乡贤"。凭借与其他村民具有相同成长环境和文化认同，新乡贤在获得信任的基础上，可以合理利用自己的威望和专业知识协同乡镇责任规划师领导村民建设乡村共同体。

基层政府可组织通过建立相关制度，促进新乡贤参与乡村振兴。一是培育内生动力，建立"新乡贤"人才库。可挖掘村

---

① 杜赞奇.文化、权力与国家：1900—1942 年的华北农村［M］.王福明，译.南京：江苏人民出版社，2003.

内能力强、热心的能人参与到责任规划师工作中来，根据乡贤的发展意向、工作状态、特点专长以及其他需求，召集各领域优秀人才，制定"乡贤花名册"。二是搭建乡贤工作统筹平台。创新恳谈会、专题议事会等交流方式，举办村庄发展大会，共话村史、共商村事。三是邀请乡贤参与乡村建设。与责任规划师共同参与乡村治理，请新乡贤提思路、提建议、提想法。四是鼓励乡贤反哺乡村经济。动员乡贤参与家乡建设，营造乡贤"智力援乡、项目助乡、资本富乡"新格局。五是引导乡贤建设乡风文明。乡贤带头并引导村民参与到公益事务中。

其他社会自治组织可探索建立多元化共治组织机制。例如，打造北京乡镇规划师孵化品牌，形成像同济大学、四叶草堂等专业组织型规划师平台，培育多元社会力量，孵化包含职业乡镇责任规划师、专业乡镇责任规划师、村民责任规划师、社会自治组织等在内的多类型乡镇规划师体系。

四叶草堂成立于2014年，是非营利的、非政府的社会组织。联合创始人之一刘悦来老师是上海首批社区规划师，致力于推动参与式规划和社区自组织景观建设，促进多元共治机制下的基层社区自治。通过课程培训、技能传授培养出一批有意愿、有能力参与社区规划和营造的"带头人"。如开设"小小社区规划师"课程；教授居民园艺方法，如认识植物、堆肥以及废弃物的再设计等；组织社区性的共建活动，邀请专业人士开展工作坊和课题研究，等等。2014年，在上海建立了第一个社区花园——"火车菜园"，社区居民全程参与蔬菜种植，体验丰收。营造超过200处社区花园，支持超过900个居民自治的迷你社区花园以及超过1300场社区花园与社区营造工作坊。

2. 建立全方位的平台协同机制

责任规划师作为个体，能力和资源有限，而责任规划师是规划师的一种，规划工作具有天然的社会属性，因此，责任规划师应擅长进行资源链接。

乡镇责任规划师作为组织者、协调者负责搭建全方位的协同平台，引导运作、整合资源、动员社会各界参与。乡镇责任规划师参与乡镇改造工作，不仅可以发挥基层规划师在规划设计、跟踪指导、乡镇赋能方面的职能，还能够通过搭建平台引入社会资金资源、智力资源等多种社会资源，如专家小组、高校团队、其他社会组织、企业商家、共建单位等作为合作方，共同提供智力、物料、资金、场地等支持，为合作项目持续注入资源。乡镇政府作为启动者、监督者，提供资金援助和保证政策落实。通过建立全方位的平台协同机制，在乡镇空间治理和社会治理工作中，培养聚合资源、提升能力，使能力建设与空间更新相辅相成。

例如，美国社区发展公司（Community Development Corporation，CDC）、上海"四叶草堂"、武汉"益居社"等。武汉"益居社"是由以规划系教师和硕博研究生为主体的服务于地方社区建设的志愿者队伍，以编制社区规划和参与社区治理为契机，打造的产学研相结合的教研平台。"益居社"社区营造工作坊先后与武汉市本地泽需社会工作服务中心、恩派公益组织发展中心、花仙子社会组织、方寸地社会组织合作与交流。

以项目为单位，搭建"长聘+志愿"的责任规划师服务平台。乡镇政府聘用乡镇责任规划师，负责项目全过程的管理与统筹，而项目方根据项目需求聘任"规划援助师"，受乡镇责任规划师的监督和管理。乡镇责任规划师对项目进行拆解，根据项目需求，选择不同类型的"规划援助师"，辅助项目方进行招聘。比如，可参考英国案例，规划援助组织长期聘任人员针对某个社区规划进行项目化运作。这种方式既保障了项目运作的稳定性，也能因为项目周期及任务可预期性强，从而提升相关社会人员的参与意愿。

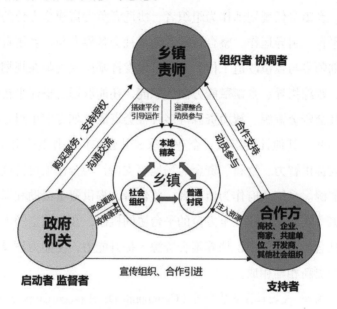

图4-13　乡镇责任规划师与各方联动及资源整合关系图

（三）创新人才保障机制

1. 建立可持续的收入保障机制

针对乡镇工作成本高、乡镇财政紧张等问题，建议加强服务经费保障，探索"政府补贴结合乡镇自我造血"的模式。

在项目资金支持中设立人事服务专项资金，用于规划师薪酬福利支付；各镇村可自主设立镇村治理基金，对责任规划师参与乡村建设相关规划治理事项提供补贴或奖励。

台北市探索了从"财政保障服务型"向"荣誉型、公益型"再到"政府补贴结合乡镇自我造血"的转变。由于责任规划师工作任务繁杂且工作量大，改为荣誉职后，责任规划师们怨声载道。由此可见，责任规划师的激励措施完全发展成为义务服务模式不可行且不能行。

2. 建立特色化的考核激励机制

完善考核要素设置，采取"积分制"考核与星级评价方式，建立科学的考核机制。远郊区县将通勤距离作为工作量考核纳入考核体系；将工作年限、学历层次、职业资格、表彰奖励等纳入积分管理；制定服务积分制考评方式，星级规划师可进入规划师人才库。

采用灵活的激励手段，完善"育人、用人、留人、发展人"的全过程激励机制。通过培训的形式提高自身技能；加大资金支持，保障生活、饮食、交通等方面需求；提供必要的精神性激励、物质性激励和发展性激励。当前北京市责任规划师工作专班已经打通了责任规划师工作时长与注册规划师培训时长挂钩的机制，仅2023年就为百余位注册规划师和注册建筑师申报了学时，下一步将继续探索完善该激励方式。2023年中央一号文件指出，应加强乡村人才队伍建设。在全市激励机制的架构上，应积极探索城市专业技术人才定期服务乡村激励机制，对长期服务乡村者在职务晋升、职称评定方面予以适当倾斜。引导城市专业技术人员入乡兼职兼薪和离岗创业。

寻求行业协会和社会力量合作，探索责任规划师的职业化发展路径。加强与行业协会和社会组织合作，促进责任规划师制度的职业化发展；引入社会力量参与责任规划师组织管理工作。

重庆市采取规划师"积分制"考核制度，综合考虑服务距离、服务能力、满意度、历史工作成效、特别贡献等方面因素，创立"服务积分 = [Σ（基础积分 × 服务能力系数）] × 满意度系数 + 累进积分 + 特别积分"的换算方式。积分排名靠前的"三师"可获得星级称号，优先考虑行业职称评优与相关协会入选；积分可换算为注册城乡规划师的继续教育学时，可作为工作量纳入专业实践教学环节，可为个人和所在单位获得信用加分，可获得服务社区内各类建设项目工作的倾斜。

3. 创新乡村建设人才培养机制

（1）乡镇责任规划师的能力与素质

责任规划师需要具备四项基本能力，即统筹决策能力、调查研究能力、落地实践能力和社会治理能力。为促进责任规划师能力提升，应完善针对乡镇责任规划师的培训体系，包括政策宣贯，开设专家讲堂、实践学堂和论坛等，努力建立成为新型规划人才队伍，为推动规划落实与基层治理格局建设发挥重要作用。

提高调查研究能力方面，培养乡镇责任规划师"博学""广闻"的素质。乡镇责任规划师的知识要全面，要像海绵一般具备广泛吸收知识的能力，通过博学广闻、融会贯通，提高调查研究能力，提升工作效能。

"博学""广闻"就是要求乡镇责任规划师能够及时更新

规划知识、及时学习相关领域、及时了解属地情况。第一，及时更新规划知识。乡镇责任规划师要清楚北京规划"三级三类四体系"中对本地区的要求，避免走弯路、走偏路。要熟悉名词定义、规划类型与层级、理念与政策、审批实施程序。第二，及时学习相关领域。特别是农村地区土地规划的政策，比如每年中央一号文件发布之后各部门出台的相关政策和实施细则。市区责任规划师专班平台做一些乡镇责任规划师政策工具包，这样可以更好地指导乡镇责任规划师的工作。第三，及时了解属地情况。乡镇责任规划师必须清楚所在乡镇的基本情况，了解在地需求，这样才能帮助这个乡镇做好规划实施、项目策划和相关服务。

提高统筹决策能力方面，培养乡镇责任规划师具备"善写""能说"的素质。乡镇包含的规划要素非常多样，要求乡镇责任规划师具备跨界思维，具备规划统筹能力和科学决策能力。在乡镇工作中乡镇责任规划师应搭平台、建网络，统筹各类资源要素，主动掌握各方资源，提升政策、资金的整合能力。

这就要求乡镇责任规划师应具备"善写""能说"的素质，比如"能说"，乡镇责任规划师应掌握沟通交流技巧、掌握各类调查方式、掌握调解矛盾方法、掌握老幼沟通途径。通过有效沟通，借助外力，联合当地的设计单位，依靠乡贤，携手在地企业和商家，共商共建共治乡村。

提高落地实施能力方面，培养乡镇责任规划师具备"精算""会画""勤思"的素质。推进乡镇地区规划落地实施，需要责任规划师尽快补充土地管理、生态环境保护方面的政策法规知识，加强对"三农"方面的政策学习，把政策和规划结合起来，更好地发挥乡镇规划实施和管理方面的"参谋"作用。

这就要求乡镇责任规划师应具备"精算""会画""勤思"的素质，比如"精算"，乡镇责任规划师应熟悉土地管理知识，熟悉土地开发流程，熟悉耕地保护要求。

提升社会治理能力方面，培养乡镇责任规划师具备"苦行""多情"的素质。 乡镇责任规划师承载着服务乡村振兴的责任，要扎根乡村，深入地了解负责片区的历史、现状、百姓生活，对村庄长期发展历程作体检和评估，提炼好的实践做法和值得推广的经验，真正成为村庄发展的深度参与者和见证者。乡镇责任规划师要入乡随俗，责任规划师的任务不仅仅是在乡村的发展建设上提供规划技术支持，还可以帮助优化当地的思维和习惯，从传统的农民转变成新农人。

这就要求乡镇责任规划师应具备"苦行""多情"的素质。乡镇责任规划师一要有情怀，要坚持党建引领，关心国情民生，了解时事政策，有扎根乡村、与乡镇共情共建共治的情怀。二要有精力，乡镇普遍路途遥远，责任规划师要行万里路、踏百千村、上山入地、跋山涉水，需要一定人力、精力以及时间的投入。三要能共鸣，及时调整思维模式，由市民思维转向农民思维，理解乡镇问题的缘由，有共情、重实际，要用大众能听得懂的话、最通俗易懂的语言，将我们的政策要求向村民解释清楚，转变无序发展的传统思维，才能在民众的脑中种下思维的新种子。四要有作为，乡镇责任规划师要能够主动给乡镇和村庄出谋划策，帮助乡镇推动规划的实施，服务好在地需求，取得实效。

（2）素质提升工作建议

乡镇责任规划师素质指标的提出，其目的有三：一是促进乡镇责任规划师业务提升，督促乡镇责任规划师不断加强学习，提高自身业务技能；二是完善乡镇责任规划师业务评价，后续研究转化为责任规划师业务评价指标体系的可能性；三是推进乡镇责任规划师资格认定，配合责任规划师注册和资格认定等工作的推进。

市、区专班应设立创新人才培养计划，提高乡镇责任规划师整体素质。

针对市级专班。一是研发课程体系。分别针对乡镇责任规划师的培训、针对服务对象的培训研发乡镇责任规划师课程体系和课件课包。根据服务对象工作性质，可分为区级课堂、乡镇课堂、乡村小课堂三级培训。研发课程内容包括课程体系、教学内容、课件课包、公参游戏等方面。如知识培训方面，建议增加针对乡镇方面的土地政策、管理制度的宣讲；政策培训方面，做整合性的"政策包"或"政策培训教材"，把不同部门的相关政策打包起来并针对乡镇责任规划师开展培训。可开展线上线下相结合的方式，提供定制化培训服务。加强培训资源的统筹协调和管理，建立培训专家库和场地资源库。**二是完善智慧平台**。在"责任规划师"小程序上，增开乡镇责任规划师板块，用于展示乡镇责任规划师风采。内容上可通过"苦行"之点亮足迹专栏，采集调研信息；通过"多情"之乡风有感专栏，展示工作成效；通过"博学"之规划课堂专栏，推进培训教育。

针对区级专班。一是举办交流活动。在区级层面，定期组织论坛、沙龙等交流活动，针对具体问题举办"订单式"交流活动，可以以案例为抓手，加强责任规划师之间、责任规划师与乡镇干部之间的技术交流和创新探索。在片区层面，结合地理位置、发展特征等划分片区，在片区内开展交流，从实践角度出发，主题更明确，交流内容更具体更有价值。**二是搭建互助桥梁。**促进镇与镇、区与区之间的学习交流，可通过市级专班协调，将有意向的区或乡镇结成对子，互相借鉴，分享实践经验。

第五章
运行研究篇

第五章

西伯利亚篇

中国的乡村具有农耕文化下强烈的内生性，依托血缘关系维系族群的生存和繁衍，依托地缘关系维持和保护族群，依托业缘关系延续族群的文化和发展，构建为具有紧密社会联系、有着强烈内聚性和归属感的乡村共同体。自古以来，在农村都有着乡镇政府行政管理和村民自治相结合的管理模式，这种不同于城市社区的农村基层管理体系，要求乡镇责任规划师作为外来群体，要有内外协调、上下畅通、联动多方的工作能力。实际工作中，乡镇政府内主管城乡规划的办公室承担责任规划师相关管理工作，但责任规划师需要响应除城乡办之外的农、林、水等多个部门的工作要求，也要满足集体经济组织的发展需求，更要联动社区办掌握民生诉求。责任规划师往往会出现工作层级混乱、主线不清等问题，应构建乡镇责任规划师运行系统，厘清不同情境下的工作逻辑。

相对于制度方面的顶层设计研究，对乡镇责任规划师在属地的工作响应系统及其具体工作内容进行分析，具有更强的本地化属性和实践导向，有助于我们探索建立更具有实践导向的乡镇责任规划师工作方法。正如于小菲等人以海淀区四季青镇责任规划师实践为例，通过在乡镇各主体之间搭建责任规划师工作链的方式，帮助乡镇责任规划师有序高效地开展各项工作[①]，本篇章基于北京乡镇地区责任规划师工作实际开展情况的深入调研，建立乡镇责任规划师工作系统，根据不同地区特征开展该系统的分异化研究，适配到北京全市各乡镇中，并研发实用工具包，以期为广大乡镇责任规划师实际工作运行提供技术支撑。

---

① 于小菲，王雪，裴佳. 乡镇责任规划师全过程跟踪项目实施工作机制探索——海淀区四季青镇责任规划师工作实践［J］. 北京规划建设，2021，（S1）：94—98.

一、乡镇责任规划师运行系统整体建构

调研发现，乡镇责任规划师在实现上述工作内容的过程中，逐渐形成了一套工作运行系统。正是通过系统中不同主体之间的沟通协作，乡镇责任规划师能够最大限度地发挥主观能动性，运用自身的技术优势链接外部资源、挖掘内部优势，推动乡镇发展与乡村振兴。对此，本尝试建立起"一套运行模型+六重构建逻辑+多类关联内涵"的乡镇责任规划师工作运行系统，先搭建乡镇责任规划师工作的运行架构，再挖掘不同情境下乡镇责任规划师工作的运行逻辑，最后剖析乡镇责任规划师能够发挥的关键作用。

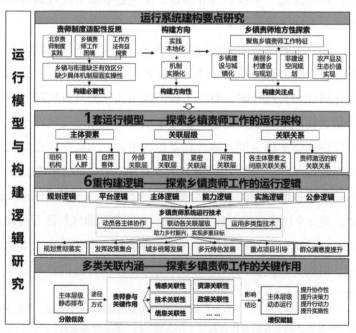

图 5-1 乡镇责任规划师工作运行系统研究思路图（作者绘）

（一）一套运行模型——探索乡镇责任规划师工作的运行架构

乡镇责任规划师工作运行模型由"主体要素＋层级结构＋互动关系"三要素构成。

第一，"主体要素"由融入乡镇责任规划师工作中的组织机构、人群或自然客体构成。其中既有乡镇政府相关部门、基层社会组织、村民或居民等乡镇属地内部各主体，也有责任规划师、上级政府相关部门、设计单位、开发主体等外部介入主体，还包括本地产业基础、文化资源、生态环境和各类实施项目等自然客体，均由责任规划师工作链接到乡镇规划服务体系中。

第二，"层级结构"表现为上述基本元素所构成的不同关联层级。各种主体在乡镇责任规划师工作中并非均匀排布或随机分布的，而是以责任规划师为行动中心，被组织成不同的关联层级。一般而言，乡镇责任规划师工作中共包含三级本地关联层和一级外部关联层。直接关联层为乡镇政中与责任规划师工作有较多接触的部门，它们是责任规划师在属地最重要的合作伙伴。紧密关联层与责任规划师接触就比较有限，但在具体工作中起到重要的支撑作用，包括村委会与居委会，还包括乡村产业基础、自然生态或文化资源等。间接关联层主要是责任规划师在乡镇工作的受惠方与落实成果，一方面是乡镇中的广大村民和居民，另一方面是落地于乡镇和村庄中的各类项目。最后，上级政府部门、外部利益主体等构成了乡镇责任规划师在落实工作过程中的外部关联层，责任规划师正是通过引入、调整各类外部关联层资源来推动乡镇实现更好的发展。

第三，"互动关系"是在不同层级结构之间连接各个主体要素的连接路径。一方面，各要素之间存在既有互动关系，如乡镇政府部门与村委会、居委会，以及村委会、居委会与村民、居民之间；另一方面，责任规划师在嵌入网络的实践中也激活了一些新的互动联系，并构建起各有特色的责任规划师工作运行逻辑。

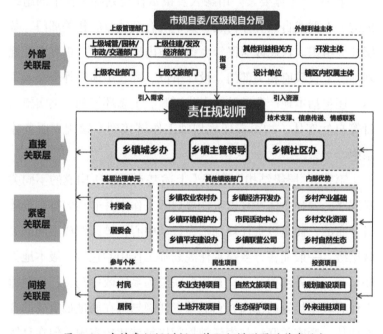

图 5-2　乡镇责任规划师工作运行模型图（作者绘）

（二）六重构建逻辑——探索乡镇责任规划师工作的运行逻辑

运行逻辑是指乡镇责任规划师在运行系统中动员各主体协作、联动各关联层级、运用多类型技术的具体行为，是责任规划师在乡镇国土空间规划编制、规划实施、规划监督、运行保障中履行职责的实施路径。根据工作目的、服务对象、本体特征等不同，运行逻辑也分为多种类型，如规划逻辑、公参逻辑、主体逻辑、实施逻辑、平台逻辑和能力逻辑等。

规划逻辑是乡镇责任规划师最基本的工作逻辑。乡镇责任规划师在规自部门的指导下对规划设计单位的各类规划设计项目和实施方案进行技术审查，还包括对责任片区内规划项目实施情况进行评估反馈，达到贯彻规划的目的，保障规划实施不走样。

公参逻辑是乡镇责任规划师最根本的工作逻辑。乡镇责任规划师工作以服务人民为中心，通过公众参与，做好规划上传下达。采取多种形式向村民、居民和在地企业进行广泛宣传、解读规划成果和政策，征集公众意见，及时向主管部门反馈，助力提高人民群众满意度。

主体逻辑是乡镇责任规划师最重要的工作逻辑。乡镇责任规划师通过调查研究，摸清本地土地资源、产业基础和在地企业情况，在规自部门的要求下，协助乡镇政府开展责任辖区内土地资源整理和产业发展引导等相关工作，推进城乡统筹，助力乡村振兴。

实施逻辑是乡镇责任规划师最主要的工作逻辑。乡镇责任规划师协助乡镇政府、集体经济组织针对各类入驻产业项目和建设项目研提规划意见，协助产业项目开工建设，实现对重点项目的引导。

平台逻辑是乡镇责任规划师最特色的工作逻辑。乡镇责任规划师充分发挥规划学科系统整体性、前瞻引领性、开放综合性等天然属性，统筹发改、民政、农业农村、文旅、环保等部门的要求和工作重点，发挥政策资源的集合效应。

能力逻辑是乡镇责任规划师最关键的工作逻辑。乡镇责任规划师充分发挥个人或团队的主观能动性，利用自身知识体系、资源渠道、工作投入等能力，导入外部优势资源，助力乡镇实现多元特色发展。

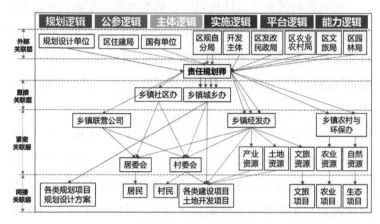

图 5-3　乡镇责任规划师工作六重构建逻辑图（作者绘）

（三）多类关联内涵——探索乡镇责任规划师工作的关键作用

构建逻辑的成立是基于运行系统内各主体要素、各层级结构间的相互关联，即乡镇责任规划师在工作运行时发挥的关键作用。这些关联具有多种内涵，如信息关联性，即作为信息传递的渠道，增强各主体之间的协作性；也可以是技术关联性，即乡镇责任规划师提供专业的技术支持，以提升各主体的决策和行动能力，进而提升乡镇整体规划建设的水平；还可以是情感关联性，即乡镇责任规划师在这些情感投入与联结有助于深入理解乡镇发展的困境，帮助村民解决急难愁盼的问题。总之，这些穿梭于主体和层级之间的联系路径使乡镇责任规划师工作模型不再是静态排布，而成为一种动态过程。

二、乡镇责任规划师实用工具包研发

研发三类八种实用性工作，包括上传下达类工作、宣教活动类工作、属地服务类工作。

上传下达类工具包用于支持乡镇责任规划师的技术咨询工作，可由市级、区级专班研发面向不同受众面的规划普及性宣讲材料，可以小手册、小视频的形式，制作成通俗易懂、可读性强的规划普及读物。可设立三级讲堂，区级总责任规划师讲堂，讲市级政策、区级工作成效、乡镇工作要求；乡镇规划宣讲，讲规划专业知识；乡村微讲堂，讲美丽乡村建设、乡风民俗等。具体各类宣讲内容中，可讲解基本概念，如"违建""点状供地"等；可解读现行政策，如中央一号文件、乡镇责任规划师百问百答等，可由市级专班统一组织。各类工作模板工具中，包括各类专报、月报、总结报告模板，工作记录模板，技术咨询和审查意见模板。部分可由区级专班统一制定。

属地服务类工具包用于支持乡镇责任规划师特色化工作，可由乡镇责任规划师自行按需研发，如规划统筹工具、乡镇村画像、闲置资源数据库、重点项目库（种子计划）等。可在区级专班信息化管理与区级基础数据平台建设基础上进行。项目服务工具，建设项目服务体系，根据重难点问题，形成项目建设和审批流程一览表和图，部分可由区级专班统一制定，如平谷区高品质乡村休闲综合体技术编审流程。工作协同工具，责任规划师参与乡镇工作指南，责任规划师与属地商定参与工作各环节的职责、工作内容、深度等。责任规划师参与某类项目工作指南，如细化责任规划师参与老旧小区工作中，提供项目规划咨询服务、协助开展公众参与、全程跟踪和服务项目实施、参与项目验收、后期运营管理等全流程工作指南。

宣教活动类工具包用于长效机制建设，可由市级、区级专班研发。一是研发培训工具，如责任规划师议事厅、组织系列专家研讨沙龙、与市级专班和其他区责任规划师团队开展活动。二是研发活动工具，如居民议事厅、征集投票活动、规划课程盒子、营造活动。三是研发宣传工具，如设立公众号栏目，其他各类官媒或自媒体。

三、乡镇责任规划师运行系统分异研究

为了进一步探索责任规划师工作方法在北京乡镇地区的适配机制，我们需要对不同乡镇特征及其对责任规划师的差异化诉求进行详细分析。就全市而言，除了中心城区和副中心的乡镇，"多点一区"乡镇主要可分平原完善型、疏解提升型、浅山整治型、山区涵养型。这四类乡镇的不同特征构成了责任规划师工作的具体社会环境，把握不同类型乡镇的规划发展重点，明确责任规划师的工作发力点，对乡镇责任规划师工作运行系统进行分异化建构。

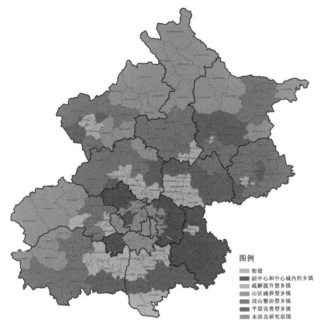

图5-4 "多点一区"地区乡镇分类引导示意图（作者绘）

图例
街道
副中心和中心城内的乡镇
疏解提升型乡镇
山区涵养型乡镇
浅山整治型乡镇
平原完善型乡镇
未涉及研究范围

（一）平原完善型乡镇的责任规划师运行系统响应

平原完善型乡镇大多分布在中心城区或新城周边，区位优势显著，交通便利，如昌平区小汤山镇、兴寿镇，顺义区杨镇等。这些乡镇受到城镇带动作用明显，在城镇化实施方面有较多的项目需求，对规划建设技术咨询与审查需求尤为突出。同时这类乡镇常住人口多，尤其是农业人口密度高，在改善人居环境和完善社会保障等方面有较高诉求。另外，因地势平坦，此类乡镇土地资源丰富，适宜农业发展，应重点关注基本农田的保护，以及农业科技创新和提高农产品附加值，促进本地农民增收。

针对此类乡镇中城镇化建设与精细化治理的诉求，应构建技术咨询审查导向的乡镇责任规划师工作运行系统。乡镇责任规划师在属地与乡镇内部各主体之间搭建起三级关联层，外部主体则主要包括设计单位和各类开发主体，通过构建规划逻辑、公参逻辑和实施逻辑，责任规划师全程跟踪指导乡镇规划和开发建设项目，向乡镇基层干部和村/居民解释国土规划政策，解读规划成果，提升精细化治理水平。

（二）疏解提升型乡镇的责任规划师运行系统响应

疏解提升型乡镇主要位于二道绿隔地区内和新城周边的平原乡镇，区位条件较好，产业发展与城市发展联系密切，如昌平区北七家镇、沙河镇，大兴区黄村镇、西红门镇等。这类乡镇大多位于城乡接合部地区，是全市人口规模调控、非首都功能疏解、产业转型提升和环境污染治理的集中发力地区。一方面，通过全域土地综合整治，乡镇政府应统筹解决土地资源利用低效化等问题；另一方面，这类乡镇开发较早，至今已形成多种城镇化实施模式，辖区内也有较多开发主体，包括各类国有地单位、私营地产开发商、乡镇开发公司等。在良好的制度安排下，这些开发主体可以通过与地方政府合作，壮大集体产业，实现乡镇的经济繁荣和基础设施、民生保障、社会管理的城乡一体化发展。

针对此类乡镇中减量提升与主体协调的诉求，应构建主体信息协调导向的乡镇责任规划师工作运行系统。责任规划师与乡镇内部各主体之间搭建起三级关联层，与外部用地单位、规划设计单位等主体之间保持较密切的联系。乡镇责任规划师借助自身的技术与信息优势，聚焦于不同主体与部门之间的协调，通过构建规划逻辑、主体逻辑和公参逻辑，突出把握减量集约、创新驱动、改善民生的要求，促进城乡建设用地减量提质和集约高效利用。

（三）浅山整治型乡镇的责任规划师运行系统响应

浅山整治型乡镇主要包括位于城市边缘二道绿隔地区以外和浅山区的乡镇，此类乡镇交通相对便利，生态敏感度较高，有丰富的自然与历史人文资源，如昌平区十三陵镇、南口镇，门头沟区潭柘寺镇、妙峰山镇等。该类乡镇作为平原与山区的过渡地带，一方面应发挥好生态屏障、水源涵养等功能，另一方面由于对自身生态禀赋和历史文化价值认知不足，产业发展呈现业态低端、产品同质化、设施短缺等问题，应强化特色资源挖掘，适度发展生态农业、文化体验、休闲度假、健康养老等绿色产业。

针对此类乡镇发展动力不足的诉求，应构建内生潜力挖掘导向的乡镇责任规划师工作运行系统。乡镇责任规划师与乡镇内部各主体之间搭建起三级关联层，外部关联层则主要是规自分局、上级发改或经济发展部门。乡镇责任规划师充分发挥统筹协调能力，通过主体逻辑和能力逻辑，平衡好生态保护与经济社会发展之间的关系，践行"两山"理论，引领农村高质量发展。

（四）山区涵养型乡镇的责任规划师运行系统响应

山区涵养型乡镇主要包括位于浅山区以北、以西的山区以及延庆部分平原乡镇，集中分布在距中心城区或新城较远且地势较高的山地，这类乡镇生态敏感性高、交通可达性一般、城镇化发展动力不足，如门头沟区雁翅镇、斋堂镇，怀柔区长哨营乡、琉璃庙镇等。山区涵养型乡镇本地发展潜力低，经济发展较为落后，基础设施难以实现全覆盖。然而，此类乡镇生态环境优势突出，拥有丰富的自然或文化资源和独特的生态景观，吸引生态旅游发展。通常此类乡镇的发展依赖多种农业生产、生态资源保护、文化旅游开发等惠农政策与资源。

针对此类乡镇中提高政策资源利用效率的诉求，需构建政策资源整合导向的乡镇责任规划师工作运行系统。责任规划师与乡镇内部各主体之间搭建起三级关联层，外部主体则主要是上级政府的农业、文旅、生态环境与园林绿化等部门，可提供各类惠农政策、文旅项目、生态保护要求与补偿资金项目等资源。责任规划师通过构建平台逻辑、能力逻辑等方式，对各类政策和外部资源进行综合利用、优化配置、互补衔接、协调管理和整合创新，推进惠农项目的落地。

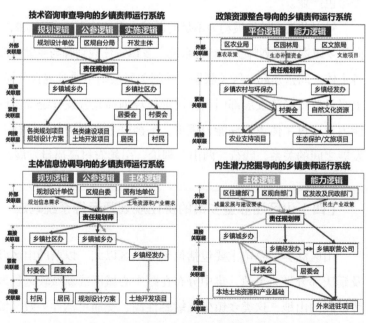

图 5-5　乡镇责任规划师运行系统的四种实践导向图（作者绘）

四、乡镇责任规划师运行系统应用实践

需要注意的是，各乡镇之间的显著差异意味着该工作运行系统只能作为一个基础系统，乡镇责任规划师可以根据属地的差异化特征确定自身的工作重点，并在此基础上通过属地实践而激活形成了特色化、差异化的工作系统。

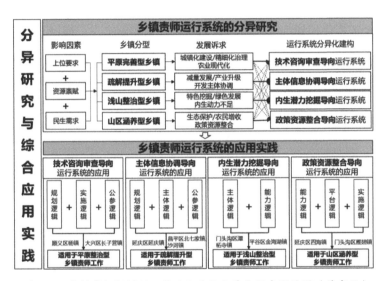

图 5-6　乡镇责任规划师工作运行系统分异化研究思路图（作者绘）

结合实际工作，本书将具体阐述不同导向的乡镇责任规划师工作系统的运行方法。

（一）技术咨询审查导向的责任规划师运行系统实践

技术咨询审查导向的乡镇责任规划师运行系统中，责任规划师对乡镇政府组织的规划编制和建设、环境提升等项目的设计方案进行把关，也在设计过程中协助乡镇政府开展公众意见征集，并及时反馈意见。具体而言，乡镇责任规划师可通过三条运行逻辑来履行职能。

第一条是规划逻辑，串联"规划设计单位—责任规划师—乡镇城乡办—各类规划项目和规划设计方案"，以乡镇城乡办为直接关联层承接自上而下的工作。责任规划师通过乡镇城乡办联系其他各科室、各村、各合作单位，划分任务，实现协作，为规划方案提供建议和决策咨询。如大兴区长子营镇，乡镇责任规划师深入参与美丽乡村规划编制工作，通过与各相关部门对接技术细节，对村民入户访谈，确保跟进整个规划项目周期，全程提供技术咨询与建议[①]。

第二条是实施逻辑，串联"各类开发主体—责任规划师—乡镇城乡办—各类建设项目和土地开发项目"，同样以乡镇城乡办作为直接关联层解决建设实施中的问题。在系统运行过程中，责任规划师对乡镇的各类建设项目施工过程提供方案指导、监督实施效果，对施工质量、施工效果进行专业把控，对不符合要求的施工方法提出整改要求。

第三条是公参逻辑，串联"责任规划师—乡镇社区办—村委会、居委会—村民、居民"。责任规划师在其中以乡镇社区办为直接关联层，开展面向公众的规划宣传工作，重点解决村民、居民问题。借助乡镇部门与村委会、居委会来联系本地村民、居民，开展线上线下的宣传培训、公众参与活动。

① 杨琼. 乡村责任规划师制度实践探索——以北京市大兴区长子营镇为例[J]. 城市住宅，2020，27（04）：9—12.

（二）主体信息协调导向的责任规划师运行系统实践

主体信息协调导向的乡镇责任规划师运行系统中，责任规划师在面对有土地资源需求的企业和规划信息需求的设计单位时，发挥信息协调能力，建立乡镇、村庄的信息平台，将各部门与外部主体的信息整合在一起，方便各方了解彼此的工作进展、需求和资源情况，以便更好地实现信息协同共享。具体来看，乡镇责任规划师可通过三条运行逻辑来履行职能。

第一条是主体逻辑，串联"国有地单位—责任规划师—乡镇规划办/乡镇经济开发办—土地开发项目和产业项目"，以乡镇规划办为直接关联层、乡镇经济开发办为紧密关联层，重点协调土地资源和产业发展问题。在这条运行逻辑中，乡镇责任规划师通过搭建信息共享平台，促进外来用地单位、乡镇经济开发部门等主体之间共享项目信息、规划设计要求、土地利用政策等相关信息，搭建乡镇属地与外来用地单位之间的沟通桥梁。此外，乡镇责任规划师可以根据上位国土空间规划要求，给予各部门以技术指导，引导各方在土地资源利用中遵循统一的原则和标准，确保项目的合理性和可持续发展。如昌平区北七家镇、沙河镇位于未来科学城内，镇域内有大量国有地单位、各类产业园区、科创园区等。乡镇责任规划师主动下沉调研责任片区内的各类企业，了解诉求，反馈给乡镇政府，为未来科学城内创新产业发展带动城乡统筹贡献智慧。

图 5-7　昌平区北七家镇、沙河镇责任规划师团队对责任片区内的国有
地单位进行座谈和实地调研（作者拍摄）

第二条是规划逻辑，串联"规划设计单位—责任规划师—乡镇城乡办—规划设计方案"，以乡镇城乡办为直接关联层，重点解决规划编制中的信息协调问题。疏解提升型乡镇自然条件与土地类型较为复杂，在土地资源减量提质过程中，又通常面临较多的规划编制项目。这一方面导致规划编制团队由于缺乏对乡镇的深入了解，因而有较多的规划信息需求，另一方面导致乡镇有较多的规划诉求却难以实现。责任规划师由于掌握专业的规划知识，又具有服务于乡镇的定位，因此通常担任双方沟通与转译枢纽，促进规划编制单位、乡镇政府等主体之间共享信息，建立信息共享平台或机制，确保各方能够及时获取到全面的信息，解决信息不通畅的问题。如北七家镇责任规划师团队深耕责任片区数十年，明晰每一片土地的发展历程，充分搭建起镇政府与未来城管委会、各村委会、规划设计单位的信息对接平台，提高了政策透明度，促成了规划信息的有效交流。

第三条是公参逻辑，串联"区规自部门—责任规划师—村委会、居委会—村民、居民"，以乡镇社区办为直接关联层，重点回应多主体土地开发项目中的民生诉求。责任规划师也可与村委会或居委会建立定期沟通的机制，例如召开定期会议、召开工作座谈会或开展民意调研活动，了解村民或居民对当前规划与建设的诉求。

（三）内生潜力挖掘导向的责任规划师运行系统实践

内生潜力挖掘导向的乡镇责任规划师运行系统中，责任规划师在浅山区底线管控、生态保护与绿色产业发展的整体要求下，充分发挥主观能动性挖掘乡镇内生发展潜力，协调相关主体，探寻乡村振兴路径。具体来看，乡镇责任规划师可通过两条运行逻辑来履行职能。

第一条是主体逻辑，串联"规自分局、住建部门—责任规划师—乡镇城乡办—村委会、居委会—本地土地资源与产业基础"，以乡镇城乡办为直接关联层，落实区规自部门、住建部门等减量发展与建设管控要求，梳理乡镇土地资源，挖掘本地产业提升发展的社会基础。这条工作逻辑要求责任规划师首先应掌握政策文件与上位规划中有关北京浅山区的环境治理、生态文明、共享共生、文脉传承的各项要求。例如，门头沟区潭柘寺镇责任规划师开展潭柘寺镇的历史研究，构建起"潭柘寺—庙护村—上香古道"的潭柘寺历史文化脉络，深刻理解"先有潭柘寺，后有北京城"的传说由来。通过深入调研，在乡镇城乡办协作下，责任规划师整理优化土地资源和产业基础，共同布局点状集体产业用地，因地制宜地发展生态文化类产业。

第二条是能力逻辑，串联"上级发改与民生经济部门—责任规划师—乡镇经发办、乡镇联营公司—村委会、居委会—外来进驻产业项目"，引入乡镇联营公司与乡镇经发办共同作为责任规划师的紧密关联层，挖掘浅山整治型乡镇历史文化资源和与新城联系紧密的区位优势，帮助乡镇引进落实符合规定的产业发展项目。在这条工作逻辑中，责任规划师应发挥专业技术优势，在项目选址、设计、实施过程中全程参与，发挥统筹协调作用，为属地把好技术关，承担"专业智库"的重要角色。平谷区金海湖镇的责任规划师团队在推进高品质乡村休闲综合体项目过程中全程参与，主要从属地生态资源梳理、城乡建设用地减量、耕地保护及无违法建设区创建任务等多维度考量，对规划综合实施方案、建筑设计方案、土地开发整理方案、项目运营方案提出合理化建议，辅助属地乡镇对方案质量进行把关，支撑高品质乡村休闲综合体建设行动①。

图 5-8　门头沟区潭柘寺镇责任规划师团队对历史文化和土地资源进行
调研、与相关部门座谈（作者拍摄）

① 施志龙，曹力维，兰昊玥，等.责任规划师助力乡村休闲综合体建设探索与实践——以北京市平谷区综合实践为例［J］.城市建筑空间，2023，30（05）：25—28.

（四）政策资源整合导向的责任规划师运行系统实践

政策资源整合导向的乡镇责任规划师运行系统中，责任规划师着重于运用自身专业优势整合打包各类政策资源，通过平台逻辑、能力逻辑两条运行逻辑，整合区农业农村部门、区园林部门、区文旅部门工作，推动农业生产、文旅开发等项目落地，助力山区涵养型乡镇发展。

在整合农业政策资源的实践中，责任规划师工作的运行逻辑是串联"区农业农村部门—责任规划师—乡镇农业办公室—村委会—农业生产支持项目"，以乡镇农办为紧密关联层，重点解决规划建设与农业资源的整合。山区涵养型乡镇通常有良好的农业生产传统与优势，但也因交通不便、地质灾害较多等现实而面临发展瓶颈。面对农作物生产、产业链价值提升、新型经营主体培育、农村人居环境整治等较多的强农惠农政策，乡镇责任规划师可以通过与上级农业农村部门、乡镇相关机构及农民保持密切联系，了解最新的农业政策、项目和资金支持的相关信息，并将各类惠农政策进行归类整合，形成清晰的政策指引和实施方案，以便乡镇充分利用和申请政策资源，落实农业支持项目。例如，门头沟区雁翅镇责任规划师将农业部门"百师进百村"与乡镇责任规划师工作有机整合，通过打通本地农产品销售渠道、推广"雁翅"农产品品牌宣传、打造"冰瀑"生态景观等方式，将品牌影响力从一个村到一个镇，最后扩展到全区。

在整合文旅政策资源的实践中，责任规划师工作的运行逻辑是串联"上级文旅部门—责任规划师—乡镇经发办—村委会、乡村自然与文化资源—自然文旅项目"，以乡镇经发办为紧密关联层，重点解决规划建设与文旅开发的整合。生态涵养型乡镇凭借良好的自然生态景观和民俗文化传统，通常可以获得文化旅游方面的项目与政策资源，如门头沟区雁翅镇、斋堂镇的传统村落群。乡镇责任规划师需要全面了解区文旅部门的相关政策，根据乡镇特点，筛选并整理出适用于本乡镇的文化旅游开发项目与优惠政策。在推动相关项目实施的过程中，乡镇责任规划师还需通过定期开展调研、与相关部门沟通、收集用户反馈等方式，了解项目和政策的实施情况，对方案提出调整和改进建议。

在整合生态政策资源的实践中，责任规划师工作的运行逻辑是串联"上级生态环境 / 园林绿化部门—责任规划师—乡镇环境部门—村委会、乡村自然生态资源—生态保护与开发项目"，以乡镇环境部门为紧密关联层，重点解决生态环境保护管控与合理开发中的资源整合问题。乡镇责任规划师梳理出相关政策中的关键点和具体要求，包括生态环境保护目标、项目申报要求、资金申请条件和优惠政策的适用范围等，通过组织培训等方式，向乡镇基层干部沟通政策信息及发展方式，提升本地对生态环境保护政策和优惠政策的认知。同时，根据乡镇实际情况，提供相关生态项目实施的技术支持。如四海镇责任规划师依托属地生态山林资源，拓展步道休闲、古长城、露营体验、自行车骑行、拓展训练等户外运动等项目，在保护和完善生态体系的同时，促进生态产品的价值实现。

五、昌平区北七家镇责任规划师工作运行实践

（一）北七家镇规划需求与责任规划师工作运行系统响应

北七家镇位于昌平区中南部，南侧紧邻回天地区，北侧有温榆河蜿蜒而过，京承高速、立汤路穿越镇区连通中心城区，区位条件优越。北京"三城一区"之一的未来科学城东区就在北七家镇内，科创产业发展与城镇发展联系密切。北七家镇全镇位于二道绿隔地区内，也是典型的城乡接合部地区，是全市人口规模调控、非首都功能疏解、产业转型提升和环境污染治理的集中发力地区之一。截至 2022 年，全镇现状常住人口约 30.89 万，城乡建设用地 29.91 平方公里，建筑规模 1929.8 万平方米。

按照昌平分区规划要求，一方面，北七家镇应疏解与整治并举，通过全域土地综合整治，统筹解决土地资源利用低效化等问题；另一方面，北七家镇开发较早，至今已形成多种城镇化实施模式，镇域内也有较多开发主体，包括未来科学城内的区属平台公司、各类国有地企业、早期入驻的私营地产开发商等。在良好的制度安排下，这些开发主体可以通过与镇政府或集体经济组织合作，壮大集体产业，实现乡镇的经济繁荣和基础设施、民生保障、社会管理的城乡一体化发展。

北七家镇责任规划师团队从 2000 年左右跟踪全镇发展，

在镇内扎根服务多年，与乡镇各部门配合紧密。责任规划师团队全面掌握北七家镇的规划建设情况、历史遗留问题、城乡发展困境，为编制中的街区控规和规划综合实施方案等提供多层级、多专业的技术统筹，为乡镇日常开展及落实的多项建设工作提供技术咨询和审查，协助乡镇落实好规划。

结合北七家镇责任规划师常年工作实际，针对镇内减量提升与主体协调的诉求，构建了北七家镇责任规划师工作运行系统。责任规划师与镇内各主体之间搭建起三级关联层，与外部用地单位、规划设计单位等主体之间保持较密切的联系。北七家镇责任规划师借助自身的技术与信息优势，聚焦于不同主体与部门之间的协调，通过构建主体逻辑、规划逻辑和公参逻辑，主动发挥信息关联、技术关联、情感关联的关键作用，突出把握创新驱动、减量集约、改善民生的要求，提升基层治理能力，助力产城融合、城镇化建设与乡村振兴。

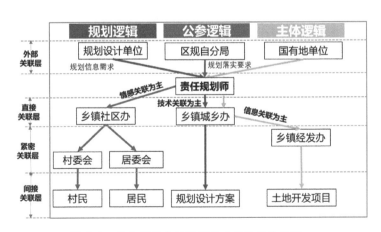

图 5-9 北七家镇责任规划师工作运行系统图

（二）构建主体逻辑，发挥责任规划师信息关联作用

为重点协调土地资源和产业发展问题，北七家镇责任规划师构建主体运行逻辑，串联"国有地单位—责任规划师—乡镇规划办 / 乡镇经济开发办—土地开发项目和产业项目"，以乡镇规划办为直接关联层、乡镇经济开发办为紧密关联层，以信息关联为主，联系各主体要素。

在这条运行逻辑中，北七家镇责任规划师运用属地服务类工具包，重点开展明晰企业诉求、搭建沟通平台、审查产业项目、振兴集体产业等几项工作。主动调研责任片区内的各类企业，了解各准入企业、在地企业的真实诉求，与未来科学城管委会和公司进行深入座谈，明确未来科学城发展规划与要求。责任规划师通过搭建信息共享平台和沟通桥梁，促进这些外来用地单位与镇政府之间共享项目需求、规划设计要求、土地利用政策等相关信息。此外，北七家镇责任规划师根据昌平分区规划和未来科学城规划等上位规划要求，给予各部门以技术指导，引导各方在土地资源利用中遵循统一的原则和标准，确保项目的合理性和可持续发展，为未来科学城内创新产业发展带动城乡统筹贡献智慧。如责任规划师团队参加清华工研院氢能产业项目对接会，针对氢能产业在北七家工业园落地提出规划管控要求及合理建议。责任规划师团队持续跟踪镇集体产业的发展，为平坊村劳动力安置用地建筑设计方案提供技术审查意见。

图 5-10　昌平区北七家镇责任规划师团队对责任片区内的国有地单位
进行座谈和实地调研

（三）构建规划逻辑，发挥责任规划师技术关联作用

为重点解决规划编制中的信息协调问题，北七家镇责任规划师构建规划运行逻辑，串联"规划设计单位—责任规划师—乡镇城乡办—规划设计方案"，以乡镇城乡办为直接关联层，以技术关联性为主，联系各主体要素。

根据昌平分区规划，以回南北路为界，北七家镇南部属于回天地区，北部属于未来科学城，均需要编制街区控制性详细规划。同时，北七家镇的自然条件与土地类型较为复杂，在土地资源减量提质过程中，常常会有较多实施层面的规划，如规划综合实施方案、土地资源整理实施方案、一级开发项目实施方案等。复杂的用地情况一方面导致规划编制团队有较多的规划信息需求，另一方面导致乡镇有较多的规划诉求却难以实现。在这条运行逻辑中，责任规划师运用上传下达类工具包，具体开展搭建信息平台和审查规划方案两方面工作。责任规划师由于掌握专业的规划知识，又常年跟踪北七家镇的规划实施，明晰每一片土地的发展历程，主动搭建起镇政府与未来城管委会、各村委会、规划设计单位的信息对接平台，负责多方的沟通与技术转译。此外，北七家责任规划师团队还为各类规划提供技术咨询，对项目的核心指标等关键性问题进行技术把关，保证与上位规划刚性管控指标不矛盾，为项目顺利推进提供技术支撑和保障。如已开展的多个老旧小区改造项目、北七家镇温泉花园建筑节能改造工程，责任规划师团队从街区功能、建筑风貌及色彩等方面提出建议；针对定泗路现状与规划路由的变化、新的路网体系与现状定泗路如何衔接等问题，责任规划师团队参与论证规划方案的合理性。

（四）构建公参逻辑，发挥责任规划师情感关联作用

为重点回应多主体土地开发项目中的民生诉求，北七家镇责任规划师构建公参运行逻辑，串联"区规自部门—责任规划师—村委会、居委会—村民、居民"，以乡镇社区办为直接关联层，以情感关联为主，联系各主体要素。

北七家镇责任规划师始终将公众参与作为责任规划师工作的核心，致力于打造一个开放、互动、互信的平台。在这条运行逻辑中，责任规划师运用宣教活动类工具包，重点开展规划宣贯、民意调研、组织活动等工作内容。通过镇政府，开展多种形式的规划宣传宣贯活动，提升各方对规划工作的理解和参与积极性。责任规划师通过与村委会或居委会建立定期沟通的机制，如召开定期会议、召开工作座谈会或开展民意调研活动，了解村民或居民对当前规划与建设的诉求。在镇城乡办的支持下，责任规划师定期组织和参与一些有意义的活动，比如社区志愿者服务、公益讲座等，与属地村民和居民在一起，以增进彼此之间的情感共鸣和信任。通过对责任片区长达数十年的陪伴服务，北七家镇责任规划师的工作身份实现了从"外乡人"到"新乡贤"，再到"本地人"的转变。

结　语

　　北京乡村振兴任重道远，大家共同努力，久久为功。党的二十大擘画了以中国式现代化全面推进中华民族伟大复兴的宏伟蓝图。全面建设社会主义现代化国家，最艰巨的任务仍然在农村。"乡村振兴"战略正是党中央着眼"两个一百年"奋斗目标导向和农业农村短板的问题导向做出的战略安排，而这也为我们责任规划师提供了施展才干的宝贵契机。乡镇责任规划师在工作中搭建了科学规划与人民群众生活需求之间良性互动的桥梁，在乡村振兴行动中彰显出旺盛的生命力。

　　北京乡镇责任规划师工作尚处于起步阶段，新时代无论从农村基层治理角度、规自领域改革角度，还是从实际工作需求角度，都给乡镇责任规划师工作提出了更高的要求。但在实操层面，由于缺乏明确的实践方法指导，乡镇责任规划师在面临挑战时，感到无从入手。因此，对乡镇责任规划师在属地的工作响应系统进行设计，并推衍出适应性更强的分异化系统，尤为重要。

　　乡镇地区的规划与建设基础相对薄弱，并且自然与社会环境复杂多变。因此，乡镇责任规划师还需要在实践中不断创新自身的工作方法，学习土地管理制度、生态环境保护等方面的政策法规知识，也需要在面对乡镇基层诉求时有较强的共情理解能力和家国民生情怀。就此而言，本书所提供的乡镇责任规划师工作系统及其分异化的实践导向虽然致力于形成工作方法借鉴，但不应成为责任规划师工作的束缚。由于研究中并未穷尽不同乡镇在不同发展时期中的所有情况，因此本研究具有较强的开放性，乡镇责任规划师也应在工作实践中因时因地不断调整工作方法，探索最适应属地乡镇当下诉求的工作模式。

结

语

附录一
北京市责任规划师相关研究分析

围绕北京市责任规划师制度的相关研究主要集中于三方面问题。首先，责任规划师作为一种新的规划师职业类型，对其角色定位及其基层行动策略展开分析；其次，关注责任规划师为北京基层街乡单元带来的治理结构重塑；最后，也有文献对北京市责任规划师制度目前遇到的问题与挑战进行了梳理，并指出了原因所在。

一、责任规划师的角色定位及其行动策略

作为一种新兴的规划师类型，责任规划师首先面临的是角色定位上的转换——其不再是传统的专业技术工作者，而是规划过程中具有交往能力的管理者、沟通者和协调者。责任规划师需要具备"社会活动家"的意识和技能，在工作中逐步走出技术的封闭殿堂，走近社区和居民。通过新的角色建构，责任规划师拥有了在基层影响规划治理权分配的途径和方法：他们在基层治理中担负着特殊角色，享有对基层城市空间建设的干预权和介入权，并与传统治理精英建立起紧密的联系，可在一

定条件下发起规划的社会参与①。

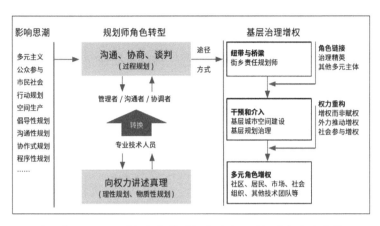

图附录一 –1　规划师角色转型与基层治理增权的内在关系图

　　由于责任规划师身份的特殊性，在工作中形成了上位宏观层面规划设计与下位微观层面环境整治指导规划—反馈矫正的互动关系，因此具有"双重身份"。以北京市东城区建国门街道为例，从宏观控规指导街道发展方面，为合理确定公服设施的布局，充分了解属地居民的诉求，责任规划师团队经与街道和编制团队沟通，组织开展规划意见征求活动，收集属地居民关于未来街道公服设施发展布局的民意；从中观层面确定不同功能的街区定位上，责任规划师团队通过在属地对微观层面环境整治提升规划方案的把关，吸纳方案中的重点内容；微观层面的街巷整治提升则是规划落地的重要抓手，在百街千巷环境整治提升项目中，规划设计团队对一些精品胡同提出重要的规划方案。②刘欣葵将责任（社区）规划师界定为"中间人"角

　　① 唐燕. 北京责任规划师制度：基层规划治理变革中的权力重构［J］. 规划师，2021，37（6）：38—44.
　　② 张晓为，彭斯，许任飞. 社区责任规划师工作机制研究——以北京东城建国门街道为例［Z］. 城市与区域规划研究，2022：170—182.

色，分析了社区规划师在社区愿景构建、基础状况调研、行动计划制订、设计方案协调和后期实施跟踪等方面的角色和作用。作为独立的社会力量，责任规划师介于政府与社区之间，其位置或接近政府，或接近社区，抑或更加独立。这种角色定位决定了责任规划师既作为技术顾问发挥指导、咨询、决策支撑作用，也同时发挥着沟通者、协调人的桥梁作用，一部分责任规划师是社区发展项目的经理或社区的经纪人。①

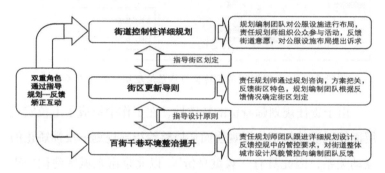

图附录一 –2　双重身份的规划师关系图

唐燕等人指出，责任规划师在实际工作中扮演着更为多元化的具体角色。为促进基层规划建设迈向多元共治，责任规划师通过对上衔接政府、对下服务基层街乡和引导社区自治等机制，发挥着"宣传、咨询和纽带"作用，扮演着规划问题研究者、规划设计审查者、街区更新指导者、部门合作协调者、公众参与组织者等多重角色。首先，责任规划师不断深入基层开展调研，收集居民相关意见，对历史文化保护、老旧小区改造、背街小巷治理、公共空间优化等进行现状分析与问题研判，积极向街道反映提升诉求并协助街道确定其街区更新的工作重点。其次，责任规划师作为连接政府与社区的纽带，既面

---

　　①　刘欣葵.社区规划师"中间人"的角色分析——以北京西城陶然亭街道责任规划师为例［J］.北京规划建设，2019，（S2）：107—111.

向社会宣传规划理念，也面向政府承担着规划对接、项目审查、监督实施等职责。再次，责任规划师还可以利用"街乡吹哨、部门报到"的条块统筹机制，推动不同部门之间的协同与对接，对街乡规划工作面临的困难与问题做出反馈。更为重要的是，责任规划师扮演着"社会活动家"的角色，需要在基层发动共商共治，为社区、居民、技术团队、社会组织、市场等各方意见的充分表达和相互协商创造机会。①

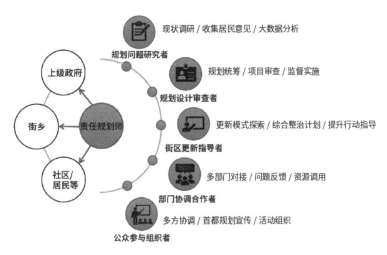

图附录一 -3　责任规划师多重身份分析图

北京市责任规划师的多重角色特征也赋予了责任规划师多维度的行动策略空间和场域。具体而言，责任规划师可以通过在基层的行政、社会和生活三大场域中充分发挥能动性和行动力，以实现制度目标。首先，行政场域为责任规划师赋予了两大优势资源，即权力资本和信任资本。权力资本保障了较强的统筹协调力，以及较高的资源投放水平和空间改造效率，为责

　　①　唐燕，张璐.从精英规划走向多元共治：北京责任规划师的制度建设与实践进展［J］.国际城市规划，2021：1—16.

任规划师赋予了更强的行动力（如与同在基层工作的社会组织相比）。而信任资本使责任规划师工作的正式性和公正性较易得到社区认可，从而降低了进入基层的门槛。其次，在社会场域，各责任规划师团队以聚焦社区公共领域作为介入社会场域的重要行动策略。从物质性和社会性公共领域两个维度而言，社区公共领域都既是规划的主要对象，也是提升基层治理能力和空间治理效能、促进公民意识和社区认同感的重要抓手。最后，在生活场域，责任规划师带着来自行政场域的权力资本和信任资本以及来自社会场域的公共议题进入社区，在自上而下的发展策略、工具理性的专业术语与细碎而多元的在地化生活诉求之间，用人本关怀的价值导向搭建桥梁。①

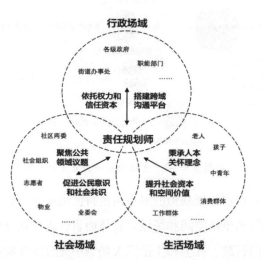

图附录一 –4　责任规划师在基层三大场域中的行动策略图

---

① 刘佳燕，邓翔宇 . 北京基层空间治理的创新实践——责任规划师制度与社区规划行动策略 [J] . 国际城市规划，2021，36（6）：40—47.

二、责任规划师为北京带来的基层治理结构变革

北京责任规划师制度带来了基层规划治理方面的重要结构变化。基层规划师成为推动传统"精英规划"走向"多元共治"的重要力量。责任规划师制度通过发起多方参与、将不同社会角色纳入基层规划建设体系，推动着传统的精英规划逐步走下神坛。责任规划师不是"高高在上"的技术精英，也不是政府职能部门的简单外援，而是促进政府、市场、社区/居民等不同利益相关者开展对话、实现多元共治的重要力量。在北京各区县，责任规划师正在不断创造和拓展对接社会各方的路径与办法，如丰台责任规划师团队通过吸纳社区志愿者作为公众代表，搭建起了责任规划师与社区沟通的稳定桥梁。^① 在责任规划师制度的影响下，基层规划治理发生了权力重构，带来了基层的增权效应。这主要表现在"政府内部增权"和"政府外部角色增权"两个维度。从政府内部增权上看，街道近年来由于"简政放权"的持续深化而获得了越来越多的工作权限，同时也对应着越来越大的责任和压力，因此需要基层规划师等力量的协助和支持。在政府外部角色增权上，责任规划师借助自身的角色转换与过程组织来提升社区、居民等主体在基层规划中的地位和作用，推动多元治理参与和权力再分配。^②

① 唐燕，张璐. 从精英规划走向多元共治：北京责任规划师的制度建设与实践进展 [J]. 国际城市规划，2021：1—16.

② 唐燕. 北京责任规划师制度：基层规划治理变革中的权力重构 [J]. 规划师，2021，37（6）：38—44.

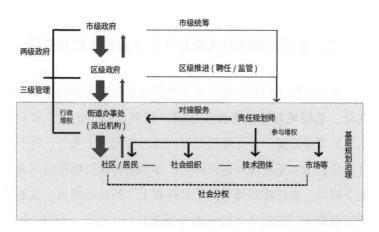

图附录一 –5　责任规划师介入下的多向基层规划治理体系图

　　北京市责任规划师制度也提升了基层的精细化治理水平。在由"大拆大建"向"留改拆"并举转变的趋势下，城市发展从宏大的蓝图式愿景逐渐向渐进式更新、过程式协作转变，城市更新、社区生活圈等成为新的热点。在这一时代背景下，责任规划师是助力城市走向精细化治理的重要力量。作为技术性与社会性实践并重的规划力量，责任规划师在补充基层规划力量、满足居民自下而上的诉求、推动社区营造和治理等方面起到了重要作用。[①] 以西城区为例，责任规划师以街区更新为抓手，让区域整体提升有了集中发力点，在改变以往"重物轻人"方面做出了努力，围绕居民的生活街区重新整合城市人居单元；在机制上，力图改变专业部门按"条"管理、缺乏统筹协调的工作方法，解决相对僵化的专业分工无法回应整体城市复合情况的问题，强化以"块"主的综合统筹模式。除此之外，激发了基层行政部门的主体意识。街道与乡镇可以在总体框架下，根据实际需要，与责任规划师团队商定具体的工作机

　　① 秦静. 责任规划师工作的"片区管理型"与"社区治理型"模式的适应性研究［J］. 规划师，2022，38（12）：13—19.

制和内容。这种更加灵活和满足个性化需求的方式，促进责任主体与服务团队更好的协作，更容易换位思考和凝聚共识。①

三、北京责任规划师制度的现存问题与挑战

也有研究对北京市责任规划师制度目前遇到的问题与挑战进行了梳理，并指出了原因所在。首先最为突出的问题是责任规划师的工作内容与权责仍不清晰。部分责任规划师依然将传统的规划方案审查或参与规划会议等作为其主要工作内容，在沟通协调和促进基层治理等领域没有发挥应有的效能。即便仅就方案审查来说，对于责任规划师应在工程项目的哪一阶段介入，怎样提供决策服务，其意见与规划部门、其他专家评审意见是怎样的关系等，也缺少明确的官方界定。

其次，街道与责任规划师因为认知和诉求不同而导致的工作僵局成为妨碍责任规划师工作开展的主要问题。部分街道和乡镇还没有全面认识到责任规划师的价值和作用，认为责任规划师制度带来的工作对接、进展上报、评估考核等内容增添了基层日常工作的负担和压力，故而采取消极应对来对接责任规划师行动。而一旦离开街道和乡镇的支持，责任规划师到岗之后往往无法打开工作局面，活动进展困境重重。

再次，责任规划师的聘任和考评等工作过多依赖区级政府部门，且工作经费来源单一，造成区级财政压力和部门管理压力。当前的责任规划师考评以鼓励先进和树立典范为主，对职责失效的惩戒涉及较少（常常以合同结束后的责任规划师退出机制来体现），因此还需持续建构更为有效的责任规划师工作

---

① 于长艺，尹洪杰．责任规划师制度初步探索——以北京西城为例［J］．北京规划建设，2019，（S2）：112—116．

跟踪、监督评估与反馈机制。按照初期规定，责任规划师不能承担责任片区的规划设计项目，也一定程度上影响了责任规划师的工作积极性。①

最后，责任规划师在基层的决策力与影响力有限。由于基层规划公共事务由街道组织管理，责任规划师对基层政府的影响能力相对较弱。许多责任规划师只能在获得街道或乡镇的认可与授权的前提下开展治理增权行动，这表明责任规划师本身也处在权力的弱势地位。并且，从技术维度来看，责任规划师的工作离不开规划信息、现状地图、产权关系等资料的支持，但囿于此类信息不公开或调取成本高、进度慢等因素，责任规划师在评判方案走向、回应居民诉求、推进规划参与等工作时依据匮乏。②

面对当前北京责任规划师制度运行中主要存在政府与责任规划师双方责任界限不清、责任规划师缺乏必要权力履行责任、履责与失责奖惩乏力、职业定位模糊、权利来源错位、独立性缺失等问题，有研究指出制度设计的"责—权—利"不一致是问题产生的根源。对于责任规划师这一新型的"半正式"主体而言，其介于政府和社会之间的身份带来了"责—权—利"平衡的挑战。制度设计既要明确责任规划师的责任与义务范畴，也要赋予其完成责任所需的权力，还要拓展利益来源以激发优质人才的积极性。然而，片面的"增责"可能会削弱规划师参与基层治理和担任责任规划师的积极性；单纯的"增权"容易带来权力监督不足下审批权、财务权等失责风险；一

---

① 唐燕，张璐．从精英规划走向多元共治：北京责任规划师的制度建设与实践进展［J］.国际城市规划，2021：1—16.

② 唐燕．北京责任规划师制度：基层规划治理变革中的权力重构［J］.规划师，2021，37（6）：38—44.

刀切的"增利"则可能产生部分积极性不强、难以胜任当前岗位的责任规划师"占位"的情况，造成治理体系内部的"劣币驱逐良币"。因此，责任规划师工作"责—权—利"界定的边界和分寸，难以通过简单的规制行动一蹴而就地划分，其协调与划定是一个不断变化和动态调整的过程。①

---

① 祝贺，唐燕.北京责任规划师制度的"责—权—利"关系研究［J］.规划师，2022，38（12）：27—34.

附录二
全国各地乡镇责任规划师经验分析

一、成都责任乡村规划师制度

从 2010 年开始，成都责任乡村规划师制度的建立经历了初创探索、全面推广、跃质提升三个阶段。初创探索阶段（2010—2015 年），成都市人民政府印发了《成都市乡村规划师制度实施方案》，逐步形成了乡村规划师招募、履职、联审、培训、考核、监督、交流、培养八项基本制度，构建了"1573"责任乡村规划师制度的"四梁八柱"。全面推广阶段（2015—2017 年），通过发布创建中国乡村规划师制度的《成都倡议》，明确了乡村规划师制度的基本框架与运行机制。跃质提升阶段（2017 年至今），修订《成都市城乡规划条例》，以地方性法规的形式将成都责任乡村规划师制度进行了法定化，建立了驻村、驻镇规划师制度。2021 年，成都市实施《成都市乡村规划师管理办法》。

成都市经过多年探索，形成了责任乡村规划师"1573"的成都模式。具体来说，责任乡村规划师担任乡镇规划技术负责人，通过社会招聘、机构志愿者、个人志愿者、选调任职和选派挂职五大渠道征选，承担乡村规划决策、组织规划编制、把关规划初审、指导实施过程、提出规划建议、协调基层矛盾和研究乡村规划七大职责，并从运行、管理、资金三大方面为责任乡村规划师提供所需保障。[①]

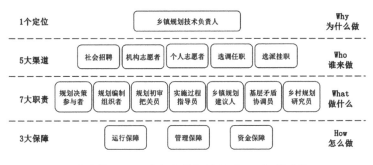

图附录二 -1　责任乡村规划师"1573"模式图

第一，1个定位。责任乡村规划师是参照政府雇员的方式，由区（市）县政府聘任并派驻各镇的规划和自然资源技术负责人，接受市、区（县）规划部门的统一管理与业务指导。责任乡村规划师的定位是就镇村发展定位、整体布局、规划思路及实施措施等提出意见与建议，协助镇政府完成镇村规划的制定、实施和监督检查，协助土地综合整治项目的方案论证与验收复核等工作。通过明确责任乡村规划师的职责与定位，充分发挥责任乡村规划师的战略引领与刚性管控作用，切实提高乡村规划和自然资源管理的质量与水平。

第二，5大渠道。为解决责任乡村规划师谁来做的问题，成都面向全社会招募责任乡村规划师的渠道大致分为五种：社会招聘、选调任职、选派挂职、机构志愿者和个人志愿者。其

---

① 张佳，杨振兴.成都：责任乡村规划师"1573"模式的探索与实践 [J].北京规划建设，2021，（S1）：52—55.

一，社会招聘乡村规划师是区（市）县政府面向全国公开招聘符合条件的专业技术人员；其二，选调任职乡村规划师是以人才引进的方式，面向国内机关或事业单位引进符合条件的优秀专业技术人员；其三，选派挂职乡村规划师是由市及区（市）县规划部门选派符合条件的专业技术骨干；其四，机构志愿者是面向全球征集优秀规划、建筑设计机构，或动员在蓉高校、规划或建筑设计单位、开发企业等机构，由其选送符合条件的专业技术人员；其五，个人志愿者是面向全球公开征选符合条件的专业技术人员。

第三，7大职责。成都责任乡村规划师的具体职责映射着多种角色，分别是规划决策参与者、规划编制组织者、规划初审把关员、规划初审把关员、实施过程指导员、基层矛盾协调员、乡村规划研究员。其一，作为规划决策参与者，负责向乡镇党委、政府就乡镇发展定位、整体布局、规划思路及实施措施提出意见与建议，并参与乡镇党委、政府涉及规划建设事务的研究决策之中。其二，作为规划编制组织者，负责组织编制乡村规划，提出规划编制的具体要求，对规划编制成果进行审查把关并签字认可。同时，向规划管理部门就乡镇建设项目的规划和设计方案提出意见，参与基层规划建设管理。其三，作为规划初审把关员，负责对政府投资性项目的相关规划进行把关并签字认可，然后按程序报批。其四，作为乡镇规划建议人，负责向乡镇政府提出改进措施和下一步提高乡村规划工作的建议。其五，作为实施过程指导员，负责对乡镇建设项目是否按照规划实施的情况提出意见与建议，对于前期方案审查发现的问题，需在后续的实施过程中持续跟进。其六，作为基层矛盾协调员，负责协调各方、化解矛盾，并通过技术性手段来解决乡镇发展所面临的问题。其七，作为乡村规划研究员，负责总结责任乡村规划师制度的实施成果，并针对规划的重难点及未来发展等问题进行深入研究，提出改进和提高的措施建议。

第四，3大保障。为确保责任乡村规划师制度的顺利实施，成都从运行保障、管理保障、资金保障三大方面出台相关配套政策，把全生命周期管理理念贯穿到乡村规划、建设、管理的全过程与各环节。其一，构建责任乡村规划师"招得来、干得好、流得动"的运转机制。其二，建立"市局归口、属地为主、三级联动、小组自律"的管理保障体制。其三，安排乡村规划专项资金，建立工资水平动态调整机制。

在上述制度基础上，成都责任乡村规划师先后参与了城乡统筹、灾后重建、脱贫攻坚、乡村振兴等重点工作，有效地推进"三个集中""四性原则""小组微生""城乡融合发展单元"等规划理念的落地，对于落实乡镇政府规划职能、优化基层规划管理模式、引领乡村现代化治理有着举足轻重的作用，在城乡一体化发展进程中扮演重要角色。首先，责任乡村规划师作为专业技术人员，既能够从乡镇的角度为上级的规划决策提供参考，也能够有效地监督检查乡镇的规划管理工作，有助于促进乡镇政府规划职能的落实。此外，乡村规划师在乡镇规划布局、地块位置选址、用地范围监督、建筑形态控制、土地集约利用、历史文化传承等方面发挥着不可或缺的作用，推动基层规划管理模式的优化。最后，责任乡村规划师作为规划部门、设计单位、基层政府与广大农村群众之间的沟通纽带，通过组织开展实地调研、充分征集村民意愿等，畅通了民意诉求的渠道，实现了乡村规划由传统的自上而下的规划模式到自下而上和上下结合的转变。

二、重庆"三师进社区"活动

重庆市有关社区规划师行动的探索可追溯至 2010 年的渝中区嘉西村、大井巷社区综合整治。2013 年，渝中区石油路街道组织编制完成重庆市首个社区发展规划，随后多点工作陆续启动，且多以规划师、建筑师单个团队承担规划项目的形式开展。社区规划师集体行动始于 2021 年 2 月，由重庆市规划和自然资源局牵头组织，以调查重庆市典型社区现状、征集市民对于建设管理的意见、探索规划师参与社区治理的方法为目的，从事业单位、规划设计机构、高校和社会企业选拔招募13 名社区规划师，以一对一的形式在 13 个具有典型重庆城市特征的社区开展为期一年的社区规划试点行动；11 月，重庆市规划和自然资源局联合重庆市民政局、重庆市住房和城乡建设委员会共同印发《重庆市社区规划师管理办法》。该行动成效显著，为重庆市全面推行社区规划师制度打下了坚实基础。

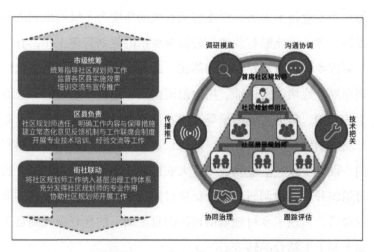

图附录二 –2　"三师进社区"模式图

2022 年 1 月，重庆市住房和城乡建设委员会、重庆市规划和自然资源局、重庆市教育委员会、重庆市民政局、重庆市人力资源和社会保障局联合颁布了《重庆市规划师、建筑师、工程师助力共创高品质生活社区行动方案》，提出以全面推动规划师、建筑师、工程师（"三师"）进社区为抓手，促进"三师"深入基层、扎根社区、服务群众，充分发挥专业技术优势，助力共创高品质生活社区，从此拉开了重庆市在全市层面全面推进"三师进社区"行动的序幕。重庆"三师"从申请到入职的全流程工作皆纳入全市统筹与统一信息化管理，其主要职责可总结为理念推广、沟通协调、规划评估、社区营造。根据专业侧重不同，"三师"的具体工作内容略有差异。至 2022 年底，重庆市已注册"三师"有 2214 人，其中规划师 663 人，建筑师 689 人，工程师 1249 人；服务覆盖 1792 个社区，全市 38 个区县有 11 个区县已实现辖区"三师"全覆盖。

重庆"三师进社区"行动具有四方面的突出特点。第一，制度先行引领集体行动。重庆市"三师进社区"行动充分考虑经济发展、文化观念及自治基础等方面的现实情况，在试点工作的基础上出台针对性制度，明晰"三师"的工作机制、责任边界与考核标准，并迅速在全市范围内推进。第二，"三师四跨"促进协同治理。重庆市"三师进社区"行动对多部门联合、多学科交叉、多层级贯通、多主体共治的重视，体现出协同治理中共同协作与多元化的核心理念，即"三师四跨"——社区规划师、建筑师、工程师跨学科合作、跨部门协同、跨层级贯通、跨主体共治。在工作落实的过程中，"三师"引导市—区县—街镇各层级政府工作层层递进，各司其职，又紧密关联，为公众参与营造更优路径，鼓励多方主体积极参与共同治理。第三，公益优先辅以奖励机制。以积分奖励制度代替直接的经济报酬，创立"服务积分＝［∑（基础积分×服务能力系数）］×满意度系数＋累进积分＋特别积分"的换算方式。积分与"三师"星级评定挂钩，获星级者具有优先考虑行业职称评优与相关协会入选等奖励。该机制可以大幅提高"三师"的工作热情与积极性，激发其荣誉感与社会责任感。最后，平台管理促进工作实效。重庆市搭建起较为成熟的"三师"平台，围绕平台确立了市级部门运营审核—区县组织街镇于专家库内按需招募—街镇社区对接具体工作并实施配合的工作流程。由市级相关部门负责人才遴选和专家入库，并统筹全市"三师"业务培训、技术交流、信息公告、评优评先等方面工作；各区县、街镇与"三师"可通过平台了解时事政策，根据自身情况进行选择。①

三、浙江驻镇规划师制度

为高效推进小城镇环境综合整治，破解基层专业技术人才紧缺难题，2016 年初，浙江省嘉兴市秀洲区探索出台了《秀洲区驻镇规划师制度实施办法（试行）》，在全省率先试行覆盖全域的驻镇规划师制度，首批聘请了 6 名驻镇规划师。随后嘉兴、衢州、台州等地纷纷出台相关文件，推进驻镇规划师制度建设。在总结地方经验的基础上，浙江省自然资源厅于 2021 年 8 月印发《关于推动建立驻镇村规划师制度的通知》，对驻镇村规划师的聘任条件、基本职责以及有关要求做出了明确规定，并公布了浙江省第一批村庄规划编制和实施监督省级试点名单。

---

① 黄瓴，郑尧，骆骏杭等．协同治理视角下城市社区规划师制度探索与思考——兼谈重庆市"三师进社区"集体行动［J］．规划师，2023，39（02）：92—100.

驻镇规划师是指乡镇人民政府（街道办事处）为加强国土空间规划管理，按照一定标准，通过选调选派、购买服务、志愿服务等多种形式聘请任职的国土空间规划设计和实施管理等方面的专业技术人员。驻镇规划师依据上位国土空间规划设计和相关技术规范等开展工作，为乡镇（街道）规划管理工作决策提供专业服务，具体包括以下四方面职责。（1）专业咨询：驻镇规划师应全面了解、熟悉乡镇（街道）和周边区域的实际情况，建议列席相关工作会议，就乡镇（街道）和村庄的发展定位、规划思路、整体布局、产业发展、风貌塑造与实施策略等提出专业建议，参与规划评审和实施计划拟订。（2）技术把控：驻镇规划师协助乡镇（街道）把控国土空间规划设计统筹和精细化管理的目标与原则，针对具体规划布局、规模控制、分区准入、边界管控、正负面清单制定和项目设计如城镇天际线、城镇色彩、建筑风格、街道界面、景观照明、慢行系统、公共环境艺术品、环境景观设施、户外广告等方面的控制引导要求提出专业建议。（3）沟通协调：驻镇规划师应了解城乡社区居民和村民需求，掌握社情民意，形成专业意见，反馈现实情况，及时与县市规划管理等相关部门进行沟通协调，帮助乡镇（街道）解决规划设计编制和实施管理中存在的困难与问题，提出解决方案或建议。（4）宣传服务：驻镇规划师协助乡镇（街道）进行国土空间规划政策宣传、解读规划成果、就规划设计相关问题答疑解惑等，引导熟悉当地情况的乡贤、能人参与规划设计工作；不定期为乡镇（街道）规划专业管理人员进行业务培训与技术指导，提升地方管理水平。

浙江省驻镇规划师制度的落实完善离不开三个方面的机制探索。首先是团队合作机制。全省各地结合实际合理聘请驻镇规划师，部分规模比较大的城镇考虑到建设的需求，城镇运维的需求，把驻镇规划师从一个人扩大到一个团队，驻镇规划师团队往往包含规划、建筑、景观、市政等专业人员，每个团队由四五名驻镇规划师组成，为小城镇建设提供更专业、更系统的技术支撑，涵盖城镇规划建设管理的整个系统，实现小城镇规划建设管理的"无缝对接"。其次，学习培训机制。一是建立地方驻镇规划师交流群，不同乡镇地驻镇规划师对类似项目的规划设计和建设管理进行讨论，通过互相参考、借鉴，为小城镇建设建言献策；二是通过由省级主管部门组织驻镇规划师培训班的形式，对驻镇规划师进行集中授课和现场教学，提高驻镇规划师的能力水平；三是运用互联网手段，以直播网课的形式开展"美丽讲堂"学习交流互动，打造全省驻镇规划师学习联动机制，进一步提高理论水平和实践能力。最后，考核激励机制。通过建立健全与驻镇规划师制度相适应的工作督查制度、管理考核办法、工作通报制度等机制，对驻镇规划师的日常工作进行统一、有效管理。定期考核驻镇规划师的工作成效，对表现优秀的进行一定鼓励与奖励。部分地方提出对于连续两年以上考核优秀且符合招考岗位条件的驻镇规划师，鼓励采用定向招聘等形式，充实到县（市、区）、乡镇规划建设管理部门或机构。

浙江省驻镇规划师制度的推行，改变以往规划师只负责规划、建筑师只负责设计、施工单位只负责实施、地方政府只负责后期管理的规划建设管理分割的状态，实现了城镇建设从规划到设计、从施工到竣工的全过程管理。这样既打破了"远水难解近渴"的尴尬局面，通过配备专业的技术人员，对乡镇的发展包括一些重要的决策起到支撑作用；又加强了沟通衔接，通过专业技术人员的工作对接，贯通了规划设计施工管理各层次的工作，完善了整个工作体系。

四、江苏"共绘苏乡"规划师下乡活动

为深入落实近年来江苏省提出的美丽江苏建设、农民群众住房条件改善等一系列决策部署，江苏省自然资源厅针对基层普遍反映的乡村规划人才匮乏，及规划行业普遍存在的"重城市轻乡村、重编制轻管理"和"规划编制不接地气"等问题，在总结以往工作经验的基础上，于2020年9月发起"共绘苏乡"规划师下乡活动。该活动致力于积极探索乡村责任规划师制度，推动"多规合一"落地见效和规划行业融合转型发展，引导规划师深入乡村扎实做好规划服务，凝心聚力推动美丽乡村共谋共建共治。

为鼓励规划编制单位和规划师发挥专业优势和奉献情怀，积极开展后续下乡跟踪服务，江苏相继制定了规划师下乡工作指南，制作了典型案例汇编和宣传片，明确具体下乡工作和活动组织要求，以及相关行政部门、行业协会责任，共同引导全省规划行业，从为基层编制规划走向帮助基层实施规划。各城乡规划、土地利用规划及相关专业的规划编制（设计）单位、高校结合具体乡村规划业务实践，采取结对共建、定点帮扶、驻村服务等多种形式，以责任规划师牵头组建多工种技术团队，建立下乡工作站，积极探索跟踪式、扎根式、陪伴式、基地化的规划服务模式。

截至2021年9月，全省已有约60家单位的近千名规划师活跃在乡村振兴的第一线，80多个工作站正在开展工作，实现了市县全覆盖的目标，并带动形成全省规划行业转型发展、服务基层的新局面。针对有近期建设需求的村庄，规划编制单位进一步加强"全链条"的规划服务，密切结合基层需求编

制"多规合一"实用性村庄规划，实现村庄选址布局、划定用地边界、开展方案设计的多环节工作衔接，帮助基层将"规划蓝图"一步步转化为实实在在的建成效果。例如，东台市梁垛镇在编制镇村布局规划时，规划编制单位采用自上而下和自下而上相结合的方式，以土地利用规划图为底图，延续现状村庄肌理，确定临塔村农房项目规划选址和建设用地边界。后续规划编制单位在临塔村村庄规划编制中，依据该用地边界和农民安置规模，细化确定存量和新增用地具体位置和规模，避免占用永久基本农田和生态保护红线，并与村民充分协商同步开展农村居民点方案规划设计，全程参与指导后续项目实施。此外，一些规划编制单位采取党组织结对共建形式，通过派遣驻村规划师、第一书记等方式，及时应对基层新需求。驻村规划师既能积极融入乡村成为"新农民"，在地实时做好规划技术支持，促成效果图转换为施工图；施工图转化为实景图，也能帮助基层培育"新农民"，开展规划讲解和政策宣讲，加强和改进乡村治理，帮助农民共同建设美好家园，塑造新时代乡村生活习惯和乡风文明。在此基础上，下乡规划师充分结合各类美丽乡村、涉农资金项目建设等契机，帮助基层正确理解、统筹运用各类政策工具，统筹盘活利用乡村空间资源，有序推进规划实施，释放改革政策红利，促进"绿水青山"变为"金山银山"，在守好耕地保护红线的同时，有序推进集体经营性建设用地入市和一二三产业融合发展，促进农民增收和乡村产业振兴。①

---

① 陈小卉，赵雷．江苏："共绘苏乡"规划师下乡，帮助基层实现规划蓝图 [J]．北京规划建设，2021，（S1）：44—48.

五、福州村镇责任规划师制度

2021年，福州市政府办公厅印发《村镇责任规划师制度实施方案》，提出建立具有福州特色的村镇责任规划师制度，以解决乡村规划人才短缺、规划力量薄弱等问题，提升村庄规划编制质量。福州市致力于建立"市县镇村"四级联动型村镇责任规划师（团队）制度，形成市级专家领衔、县级机构审查、驻镇责任规划师督导、村级陪伴式服务的全方位规划服务，围绕市委市政府工作部署，开展"村庄规划＋责任规划师＋土地整治"专项行动，引导鼓励开展土地整治，确保项目能落地、效益能提升、发展能保障。

在制度设计方面，福州村镇责任规划师制度通过建立"三个一"以解决规划力量薄弱等问题，即市级组建一支专家团队，负责技术规范编制、提供技术支持、筛选驻镇责任规划师、组织村庄规划编制审查等；各县（市、区）签约一家规划设计院，作为村庄规划第三方审查机构，严格把关，监督规划落地；乡（镇）要配备一名驻镇责任规划，履行好专业咨询、技术把控、沟通协调及宣传服务等职责。同时，各乡（镇）在签订村镇规划编制服务相关协议时，要根据自身实际，确定陪伴式服务时间总长和负责人每月到场指导频率，形成"全链条、陪伴式"服务关系。此外，在试点乡镇同步配备规划专员与责任规划师，以"一员一师"搭建便捷的沟通渠道，提升全市乡镇国土空间总体规划和村庄规划编制管理水平。镇村规划专员主要职责包括规划学习与宣传、规划沟通与协调、规划实施与监督。

村镇责任规划师从以下四个方面履行基本职责。第一，深入了解镇村的经济社会基本情况、资源环境禀赋、区位条件、建设发展情况等，充分了解镇和村庄规划建设的相关法律、法规、政策和技术规范等，负责向镇人民政府提出镇村发展定位、产业发展、基础设施和公共服务设施布局、历史文化保护、永久基本农田保护、生态保护修复、宅基地布局、农房管控、风貌塑造、规划实施策略等方面的意见和建议，参与镇人民政府涉及规划建设事务的研究讨论和决策。第二，协助镇人民政府组织编制国土空间规划，并参与规划成果的初步审查工作。第三，协助收集和梳理村级组织及村民对镇、村庄规划建设的需求和建议，引导熟悉当地情况的乡贤、能人参与规划设计工作，及时准确地向镇人民政府、技术单位反馈。负责协助镇人民政府进行国土空间规划政策宣传、解读规划成果、就规划设计相关问题答疑解惑等，共同推进国土空间规划持续完善和有效实施。第四，协助组织开展镇、村庄规划建设宣传活动并协助做好规划实施管理和监督检查工作。向村民宣传规划及相关法律、法规和政策，增强村民参与规划制定、服从规划管理的意识。

村镇规划专员由福州市自然资源和规划局会同市委组织部针对市引进生的工作安排，邀请驻镇村挂职锻炼的是 2022 年引进生担任，负责联络、沟通、指导所在乡镇及周边村庄规划编制与实施工作，积极对接驻镇责任规划师做好村庄规划建设审批。其主要职责包括三个方面：第一，规划学习与宣传。全面了解、熟悉乡镇和周边区域的实际情况，协助村镇责任规划师和村镇规划编制设计团队为村民就规划问题答疑解惑，进行国土空间规划政策宣传。第二，规划沟通与协调。协助责任规划师和规划编制团队驻村调研，进村入户听取村民规划建设想法和诉求；收集村民对规划的建议和问题，及时与村

"两委"、编制单位进行沟通；协助组织村民代表大会等相关会议，讨论村镇规划问题，及时了解责任规划师、编制单位及乡镇规划管理部门沟通反馈发现的问题和困难。第三，规划实施与监督。列席参与涉及规划事务研究的会议，对政府性投资的基础性和公共服务建设项目、镇村建设项目选址、村镇国土空间规划方案提出意见与建议，负责村镇责任规划师履职尽责情况进行点评。①

2022年2月，福州市自然资源和规划局在市规划馆举办福州市首批村镇责任规划师及村镇规划专员聘任仪式。此次试点选聘31名驻镇责任规划师，与22名村镇规划专员一道，以"先底后图"的思维保护耕地，提升村镇规划质量和空间治理水平，策划土地整治项目，助力乡村振兴。

六、绵阳乡村规划师制度

2021年，为扎实做好乡镇行政区划和村级建制调整改革，切实提高乡村规划建设水平，绵阳市自然资源和规划局修订完善了《绵阳市乡村规划师管理办法》，进一步创新举措，优化配置，为乡村振兴凝聚智慧力量。

乡村规划师是由县（市、区）、园区通过招聘、招募并派驻到各乡镇负责自然资源和规划管理的技术专业人员。在人员构成方面，绵阳市坚持面向社会，面向实践，畅通了社会招聘、机构志愿者招募、个人志愿者招募等三方公开选聘渠道，

---

① 《福州市引进生担任"村镇规划专员"》，福州市人民政府官网，2022年9月26日，https://www.fuzhou.gov.cn/zwgk/ghjh/zxgh/202209/t20220926_4441054.htm；《福州市村镇规划专员职责》，福州市自然资源和规划局，2022年10月26日，http://zygh.fuzhou.gov.cn/zz/zwgk/ghjh/tdlyztgh/202210/t20221026_4457413.htm.

对象涵盖在校学生、企事业单位专业技术人才、退休专家、乡贤能人等，做到广纳贤才，聚智聚力，逐步实现乡镇全覆盖。在乡村规划师的职责定位上，不仅明确了其在参与镇（街道）规划编制、项目把关、方案审查、规划实施监督等工作的主责主业，更鼓励其在土地综合整治、乡村风貌打造、自然资源管理等各个方面发挥所长，从而汇聚专业力量，实现共振效应。通过创新管理模式，实施"市统筹、区负责、镇管理"的三级联动、分工协作机制，由市建立统一管理标准，负责乡村规划师的归口管理；由各县（市、区）自行制定实施细则、提供资金保障、负责乡村规划师的聘任、派驻；由镇具体负责乡村规划师日常管理。区、镇共同开展年度考核。同时组建了绵阳市乡村规划师人才库，注重在实践中储备人才，推选人才。如原派驻安州区桑枣镇和梓潼县许州镇的机构志愿者，因在乡村规划师任期内为乡镇建设提出了很多宝贵建议意见，被市政府城乡规划督察员管理办公室选为市政府派驻安州区和梓潼县的规划督察员。

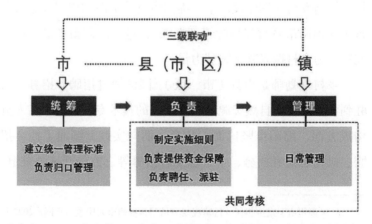

图附录二–3 "市统筹、区负责、镇管理"的三级联动、分工协作机制图

此外，绵阳市结合各县市区实际，划定大的经济区分类，

推行不同的配备方式。中部河谷平原片区经济基础、交通区位优势明显，以"一镇一师"为原则，以社会招聘为主，招募专业技术人员，确保乡村规划师全过程参与乡村编制、审批、实施、核实。如涪城区 2021 年自主招聘招聘从事规划工作 5 年以上，主持过镇级以上的总体规划编制工作的经验丰富的规划师，已招聘首批区级乡村规划师 6 名，其中 5 人为国家注册城市规划师。东南丘陵片区经济基础、交通区位优势相对一般，以"镇镇有师"为原则，同步推行社会招聘和志愿者配备，综合考虑乡镇资源禀赋和规划建设重点，实行乡镇独立配置和片区联合配置。建设需求较大的中心镇等以社会招聘为主；一般乡镇推行机构志愿者和个人志愿者入驻，依托在绵高校，建立常态联系机制。如原三台县西平镇乡村规划师，为西南科技大学派驻的机构志愿者，人员以在校教授为主，定期深入乡镇调研，助力西平成功申报省级历史文化名镇。西北山地片区，经济基础、交通区位优势相对较弱，专业人员吸引力不足，以"多镇一师"为原则，推行志愿者配备，结合自然资源所人员设置，探索灵活多元的配置模式。如原平武县响岩镇的乡村规划师职责由绵阳市规划院派驻的机构志愿者和向岩镇自然资源所工作人员共同承担，其服务范围辐射原响岩镇、南坝镇、水观乡，既发挥了自然资源所的驻地优势，又确保了机构志愿者能够及时参加乡镇规划建设相关事宜。[①]

乡村规划师的基本职责包含以下方面。第一，负责向乡镇政府提出关于乡镇发展定位、整体布局、规划思路及实施措施等方面的建议意见，参与乡镇政府涉及自然资源和规划工作的决策研究，参与撰写规划实施评估报告。第二，负责协助乡

---

① 史永丽，徐梦祝．绵阳市探索乡村规划师队伍建设新模式［J］．资源与人居环境，2021，（8）：23—24．

镇政府组织编制乡镇国土空间规划、"多规合一"实用性村规划，并对规划编制成果进行技术审查；协助县市区（园区）自然资源和规划主管部门片区所对派驻乡镇提供自然资源和规划管理技术服务。第三，对乡镇、村内建设项目的选址、建筑设计方案、建设实施情况进行全过程跟踪与指导，确保项目选址科学、建设合规。深入挖掘当地文化底蕴，塑造具有西蜀特色的乡村风貌。第四，参与土地综合整治项目实施规划的立项方案论证并出具立项初审意见，参与土地综合整治项目实施规划的验收等相关工作。最后，负责向乡镇政府提出做好自然资源和规划管理工作的建议意见。

附录三
跟踪访谈纪实"乡镇责任规划师的一天"

为了更深入地了解乡镇责任规划师的工作状态，研究团队跟踪访谈多位一线责任规划师，深入了解乡镇责任规划师的工作内容、沟通主体、工作方法等方面。

一、多方利益的调解员——走进北七家镇责任规划师

2023 年 6 月的某一天，我们随昌平区北七家镇责任规划师孙工深入乡镇，观察责任规划师的工作过程，了解她做了哪些工作，达到什么效果，尤其是在实施主体多、利益诉求多的此类乡镇，如何进行多方利益的平衡。

上午 9:00，开展重点地区调研。北七家工业园街区已经获得批复，街区内的北七家建材城是未来需进行城市更新的重点区域，但涉及村民利益，实施难度较大，乡镇领导与孙工也进行过多轮沟通。今天，孙工陪同未来城管委会领导、乡镇领导再次到此处调研，寻求解决路径。

图附录三-1　北七家镇责任规划师工作状况

　　上午 11:30，进行重点项目审查。北七家镇城镇化进程较快，目前有多个街区控规、规划综合实施方案等都在编制中，今天原定于 10 点开始的北七家工业园二期规综项目延迟到 11:30 举行。

　　中午 12:30，会议室用餐。中午时间较短，孙工在会议室简单解决午餐，同时参加其他项目的视频会。

　　下午 1:30，汇报全镇设施情况。孙工召集了责任规划师团队各专业的负责人，将教育、医疗、道路交通、供水、能源等各类设施的现状和规划情况向镇领导做了详细汇报。在规划方面，责任规划师可能是最了解属地乡镇的人，新上任的领导大多是通过责任规划师快速了解属地的建设情况。

下午 4:00，配合乡镇填报城市体检表格等。

下午 5:00，给乡镇提供全镇医疗设施情况、剩余土地资源情况、针对老旧小区改造、道路命名等回复意见。

昌平区北七家镇镇域用地有 2/3 划入未来科学城，1/3 划入回天地区，产业发展与城乡问题交织，乡镇主动权较弱，一天的时间虽短，但是孙工的工作十分充实，充分利用好在镇内驻场的分分秒秒，帮助乡镇领导了解更多的规划问题。乡镇责任规划师工作的意义更多的是在多层级规划编制的过程中、在多主体利益协调的过程中协助乡镇解决矛盾。

二、明文化守卫者——走进十三陵镇责任规划师

2023 年 5 月的某一天，我们随昌平区十三陵镇责任规划师林工深入乡镇，观察她工作的一天，体会如何从世遗宝藏到赋能新生，探索文物保护与乡镇发展共荣之路。

上午 9:00—11:00，开展十三陵镇"1+11"规划高质量发展会，共谋村镇发展蓝图。责任规划师团队配合十三陵镇政府搭建了以镇政府为统筹主体，以 1 个镇级责任规划师带 11 片区责任规划师工作体系，建立上下传导工作机制，将行政管理与技术指导相结合，调动全镇全员合力参与规划建设工作。向片区团队传达底线思维、文物保护、红线管控意识。

中午 12:00—13:30，会议室用餐，讨论镇域国空编制问题，解决文物保护与镇域发展的矛盾。产业发展方面，向镇领导传达文物保护规划对镇域产业发展要求，坚守文物保护红线，协助谋划审查"百亩田十亩园一亩地"等产业策划方案，

赋能镇域产业发展。民生保障方面，从影像图上筛选与文物保护有冲突的民生设施用地，与镇领导一起讨论新用地选址。城乡统筹方面，讨论文物保护村庄搬迁路径，保障村民权益。

图附录三-2 十三陵镇责任规划师工作状况

　　下午 14:00—17:00，现场调研踏勘，实地了解文物保护、产业发展、村民生活现状。在十三陵门户区（涧头村）调研十三陵文博旅综合体选址地块现状，到万娘坟村调研村民宅基地盖在文物遗址上的情况，结合文物保护规划的意见，提出优先搬迁建议。后来到长陵园村调研神道保护情况，了解村庄民俗文化发展情况。之后区德陵村调研并筛查"距离文物过近"的建筑。最后到附近的"北京最美乡村"之一的康陵村，品尝"正德春饼宴"。此时太阳已快落山，但是林工的工作尚未结束。

图附录三 -3　十三陵镇责任规划师调研轨迹

十三陵门户区　万娘坟村　长陵园村　德陵村　康陵村

附录三　跟踪访谈纪实『乡镇责任规划师的一天』

晚上 19:30—21:00，疲惫了一天的林工回到家，仍需要线上参加视频会讨论文博旅综合体概念方案。晚 8:00 视频会，提前 30 分钟进入会议室等待领导入会。着重关注文博旅综合体方案功能布局、风貌设计、文化彰显、山水共融等方面内容，以明文化为主题培育新产业、新动能，支撑"世界文化遗产金名片建设"。

三、为热爱奔赴山海——走进怀柔山区责任规划师

2023 年 8 月的某一天，我们随怀柔区山区片区责任规划师曹老师深入长哨营乡，观察她工作的一天。曹老师是北京某大学教授，曹老师工作的地点距离对口服务的怀柔区几个乡镇约 125 公里，当天我们早晨 7:00 跟随曹老师从城里出发，花费了约 2.5 个小时才到达长哨营乡政府。曹老师不惧山高路远水长、为热爱奔赴山海的热情感动着我们。

上午 10:30，调研重点项目。在与乡领导进行简单的沟通后，前往燕山山脉道地中药材文化博物馆进行调研，此项目是曹老师担任长哨营责任规划师后深度参与并持续推进的，目前已初见成效，后续将继续挖掘产品价值，推动乡镇发展。

中午 12:30，与乡领导在食堂共谋发展路径。结束调研后，中午曹老师一起在乡政府食堂用餐，刚刚结束会议的乡党委书记和乡长匆匆赶来，利用吃饭间隙与曹老师交流目前遇到的问题和后续重点发展的方向。

下午 1:30—2:30，七道河村座谈。七道河村是曹老师一直十分关注的村庄，疫情期间通过多次视频会议与村书记研究村庄规划方案。

下午 2:30—3:30，调研西沟村。西沟村与曹老师渊源颇

深，2012年西沟村实施整建制搬迁，新的村庄规划方案就出自曹老师之手，如今西沟村已成为美丽乡村建设的典范，在未来产业发展的过程中，曹老师将继续出谋划策。

图附录三-4　怀柔山区责任规划师工作状况

下午3:30—4:00，调研长哨营乡净土园农产品加工厂。

下午4:00—5:00，调研大沟村。大沟村是烈士马云龙牺牲的地方，曹老师担任责任规划师后，协助长哨营乡挖掘本地资源，在此设置马云龙烈士墓，目前也是爱国主义教育的一个节点。调研途中，偶遇北影师生正在手绘文化墙，了解到北影的老师在大沟村担任驻村书记，"新乡贤"正发挥积极的作用。

　　经过一天的跟踪调研，我们深刻体会到远郊山区责任规划师工作的辛苦，因路途遥远，调研、座谈的安排都十分紧凑，或许就是对责任规划师工作的"热爱"支撑他们一路向前。

参考文献

1.陈小卉，赵雷.江苏:"共绘苏乡"规划师下乡，帮助基层实现规划蓝图［J］.北京规划建设，2021（S1）：44—48.

2.黄瓴，郑尧，骆骏杭等.协同治理视角下城市社区规划师制度探索与思考——兼谈重庆市"三师进社区"集体行动［J］.规划师，2023，39（2）：92—100.

3.李婧，张悦琪，齐梦楠，等.北京副中心张家湾镇：责任规划师介入乡村微更新实践［J］.北京规划建设，2021（2）：57—63.

4.刘佳燕，邓翔宇.北京基层空间治理的创新实践——责任规划师制度与社区规划行动策略［J］.国际城市规划，2021，36（6）：40—47.

5.刘欣葵.社区规划师"中间人"的角色分析——以北京西城陶然亭街道责任规划师为例［J］.北京规划建设，2019（S2）：107—111.

6.潜心笃行，"妙"画乡愁——北京市延庆区责任规划师持续助力美丽乡村建设［J］.城乡建设，2022（18）：50—51.

7.秦静.责任规划师工作的"片区管理型"与"社区治理型"模式的适应性研究［J］.规划师，2022，38（12）：13—19.

8.史永丽，徐梦祝.绵阳市探索乡村规划师队伍建设新模式［J］.资源与人居环境，2021，（8）：23—24.

9.唐燕，张璐.从精英规划走向多元共治：北京责任规划师的制度建设与实践进展［J］.国际城市规划，2021：1—16.

10. 唐燕.北京责任规划师制度：基层规划治理变革中的权力重构［J］.规划师，2021，37（6）：38—44.

11. 韦鸿雨，顾忠华.基于"委托—代理"理论的"三元互动"型责任规划师制度剖析［J］.规划师，2022，38（12）：20—26.

12. 谢天成，陈鹏.规划师下乡的实践困惑与破解路径——基于北京市乡镇责任规划师一线工作的思考［J］.城市发展研究，2021，28（10）：119—124.

13. 杨丹丹.生态涵养区乡村责任规划师的"两山"理论实践［J］.北京规划建设，2021，（S1）：99—102.

14. 杨琼.乡村责任规划师制度实践探索——以北京市大兴区长子营镇为例［J］.城市住宅，2020，27（4）：9—12.

15. 于小菲，王雪，裴佳.乡镇责任规划师全过程跟踪项目实施工作机制探索——海淀区四季青镇责任规划师工作实践［J］.北京规划建设，2021，（S1）：94—98.

16. 于长艺，尹洪杰.责任规划师制度初步探索——以北京西城为例［J］.北京规划建设，2019，（S2）：112—116.

17. 张朝晖，杨春，李梦晗.步履城乡共促内生活力 陪伴服务支撑绿色发展——怀柔区雁栖镇责任规划师团队的实践探索［J］.北京规划建设，2021，（S1）：103—108.

18. 张佳，杨振兴.成都：责任乡村规划师"1573"模式的探索与实践［J］.北京规划建设，2021，（S1）：52—55.

19. 张晓为，彭斯，许任飞.社区责任规划师工作机制研究——以北京东城建国门街道为例［Z］.城市与区域规划研究，2022：170—182.

20. 祝贺，唐燕.北京责任规划师制度的"责—权—利"关系研究［J］.规划师，2022，38（12）：27—34.

后 记

在完成这本书的过程中，我仿佛经历了一场漫长而充实的旅程。回顾这段时光，心中满是感慨。

北京的乡镇地区，犹如这座繁华都市的隐秘瑰宝，它们承载着丰富的历史、独特的文化和人们对美好生活的向往。然而，在城市化的浪潮中，如何实现乡镇地区的科学规划与可持续发展，成为了一个亟待解决的重要课题。本书展示了责任规划师工作如何助推了北京乡镇地区的高质量发展，也展示了乡镇地区给责任规划师制度创新提供的实践沃野和为规划行业发展转段提供的无限可能。

为了深入探究乡镇责任规划师的工作方法体系，我走访了众多乡镇，与当地的居民交流，倾听他们的心声和需求；与一线的责任规划师们探讨，互相交流工作中的困苦和收获；与市区行业主管部门座谈，倾听他们为保障和推动责任规划师制度做出的努力；向深耕此领域的业内专家们请教，学习他们的研究理论和实践经验。每一次交流，每一个案例，都让我对这个领域有了更深刻的认识和理解。

在研究和写作的过程中，我遇到了无数的困难和挑战。资料的收集与整理、观点的论证与推敲、结构的搭建与优化……每一个环节都需要付出极大的耐心和努力。但正是这些困难，让我不断地成长和进步，也让我更加坚定了要为推动乡镇地区责任规划师工作发展贡献力量的决心。

在此,我要感谢那些给予我支持和帮助的人。感谢北京市城市规划设计研究院何芩副院长、冯斐菲副总工程师、吴克捷所长和北京市规划展览馆赵幸馆长,让我能够有机会接触到责任规划师的工作,鼓励我在院内申请设立了乡镇责任规划师的课题,并为此书的写作提供了指导。感谢北京大学社会学系陆兵哲博士为本书的撰写整理和分析了大量的基础资料,并在我困顿、迷茫的时候助推了本书的写作。感谢我的家人和朋友们,他们始终在我身边,给予我鼓励和关爱,让我在疲惫时有了依靠的港湾。感谢那些为我提供宝贵资料和建议的专家学者们,他们的指导让我的研究更加深入和全面。感谢参与调研的市、区行业主管部门、乡镇居民和责任规划师们,他们的热情和真诚让我感受到了这份工作的意义和价值。

本书虽然凝聚了我的心血,但我深知其中仍存在不足之处。希望它能成为一个起点,引发更多人关注乡镇责任规划师这一群体,引发对北京乡镇地区规划工作的关注和思考,共同为打造美好、宜居的乡镇地区生活环境贡献智慧和力量。